本书受云南旅游职业学院学术著作出版资金资助

NATIONAL PARKS

国家公园

国家公园
环境教育动力机制研究

刘静佳 著

RESEARCH ON THE DYNAMIC MECHANISM OF
ENVIRONMENTAL EDUCATION IN NATIONAL PARKS

中国旅游出版社

前　言

随着社会经济的发展，环境问题日益突出，人们在实践中发现科学技术的日新月异并没能从根本解决环境问题，环境教育应运而生，成为改善环境污染和防止破坏的有效方式之一。国家公园作为重要的保护地类型，也承担着环境教育的核心功能，这一功能将对国家公园功能体系的完善、国家公园体制试点、生态文明建设和可持续发展的实现起着重要作用，因此国际上国家公园一直都是环境教育天然的大教室。然而，作为生态文明建设试点的中国国家公园有了漂亮的环境教育大教室，却出现了少有学生、少有教师、少有教材、少有教育机构的"一有四少"的状况，环境教育教室缺乏活力；而在国家公园之外，以自然教育和自然体验为主的环境教育类商业活动却供不应求。面对这两组冷热矛盾，建立中国的国家公园环境教育动力机制，将人们吸引至国家公园场域内主动接受环境教育，成为国家公园探索和发展的一个新命题。囿于社会发展阶段和国家公园相关理论和研究的局限，与环境教育相关的研究此前并没有在国家公园的系列研究中占到重要位置。在生态文明建设和国家公园体制试点的过程中，应该以系统思想和相关理论对其进行相关研究。引入系统理论、动力机制和多中心理论对国家公园环境教育进行研究，是一种从系统的整体性出发，从要素至系统、至功能再到路径的体系化研究。全书主要研究内容和结论如下：

1. 构建了国家公园环境教育动力机制双模型

引入系统理论、动力机制和多中心理论等相关理论，基于理论与现实的依据，在对模型要素进行筛选的基础上，构建了国家公园环境教育动力机制的结构模型（ESFP-S），这一模型包括系统要素（E-Elements）、动力子系统（S-Subsystems）、功能（F-Functions）和路径（P-Paths）四要素，体现了动力机制的整体存在，缺一不可。进一步厘清四要素之间的相互关系及作用机制，构建了国家公园环境教育动力机制机理模型（ESFP-M），为黄石与普达措的对比研究提供了理论框架。

2. 运用动力机制双模型对比发现普达措的短板

通过运用 ESFP-S 和 ESFP-M 动力机制双模型，根据在美国和中国的田野调查资料，将黄石和普达措进行对比研究，发现普达措国家公园环境教育的动力机制无论是要素构成还是要素之间的互动关系尚未真正构建起来。

黄石经过百余年的发展磨合，环境教育已经进入"汽车"时代，动力系统要素齐备，建立了以推动力、协同力、引导力、拉动力和驱动力为作用力的动力子系统，这五种力的合力决定了黄石国家公园环境教育的动力，合力的大小决定了动力的大小，使得黄石国家公园环境教育沿着公益性、市场性和混合性三条路径前进，成为生态保护和可持续发展利用的国际范例，在不同的道路上都能发挥动力机制，飞速前进。同黄石相比，普达措环境教育的动力机制存在如下短板：①结构模型（ESFP-S）中系统要素、动力子系统、功能和路径都存在缺失问题；②机理模型（ESFP-M）中人员流和资金流呈现单一、媒介流呈现静态化的特征；③其动力子系统中摩擦力系统的存在对公园环境教育的动力形成了一定程度的阻力，尚未形成闭合的动力功能。动力系统要素的单一和阻力的存在对公园环境教育的开展起着制约作用，容易形成"木桶"的短板原理；加之年轻的普达措国家公园在现阶段走在唯一道路上却受限于种种摩擦阻力，动力系统也并不能完全发挥作用，普达措国家公园环境教育体系的良好运转受限于协同力子动力系统的不完善和不完备，因此需要结合公园的实际状况以及中国国家公园体制试点的现实需求，弥补短板。

3. 修正普达措模型并构建其环境教育动力机制体系

通过前述理论研究和案例对比研究，对普达措国家公园环境教育动力机制的模型进行修正，主要从要素健全、动力系统提升、功能完善和路径开拓四个方面进行修正。根据普达措国家公园环境教育动力机制中存在的要素、动力子系统、功能和路径的缺失问题，提出了从理念、主体、利益和制度维度的多维构建策略，来实现普达措国家公园动力机制的良好协调运作，从而实现公园的环境教育功能。

本书的创新点主要有三：一是构建国家公园环境教育动力机制的理论双模型；二是构建普达措国家公园环境教育动力机制体系；三是发现普达措国家公园环境教育动力子系统内含的摩擦力系统。对于国家公园环境教育体系的构建以及动力机制的构建具有重要理论意义；对解决中国国家公园环境教育中出现的两组冷热矛盾，促进国家公园体制试点和生态文明建设具有现实意义。

本书是在我博士学位论文基础上形成的，因此要特别感谢我的导师杨桂华教授，感谢她把我带入了国家公园的研究领域，并指引我进入了环境教育的研究殿堂。她不仅是在办公室、家里、隔着半个地球的网络另一端给我理论指引，还一次次地带领我去到广阔的旅游研究实验室进行实证研究。每一次，她娇小的身影出现在广袤的普达措国家公园、三江源国家公园或其他保护地，都让我对她肃然起敬，她不仅自己克服了高原反应，还在相对恶劣的自然环境中给我们打气，同时不忘和我们讨论一路走来的学术获得。她身体力行地告诉我们应该如何做实实在在的研究，并用研究成果回馈给予我们营养的大地。做研究和做人，是杨老师一直给予我最大的引导力，并将一如既往地引导着我未来的研究之路和人生之旅。

感谢多年来培养我的云南大学工商管理与旅游管理学院，学院的田卫民教授、吕宛青教授、张晓萍教授在论文的选题和修改过程中给予的孜孜不倦的指导，他们的学术精神和专业素养让我敬佩！感谢我的开题和答辩专家们：唐雪琼教授、欧晓昆教授、王金亮教授、段万春教授和明庆忠教授，他们对我论文提出的建议，让我能以更广阔的视野看待研究问题，让我受益匪浅！感谢民族研究院的马翀炜教授，他带领的红河哈尼梯田暑假田野调查班让我感受到了田野调查的魅力，他的学术敏锐度和学术魅力让我敬佩！感谢我的美国访学导师——西华盛顿大学的 STEVEN J. HOLLENHORST 教授，他为我在美国的访学和调研提供了极大的帮助，并在繁忙工作中，第一时间安排和我定期讨论，带领我抽茧剥丝，一步步深入认识美国的国家公园！感谢525办公室同门的师兄师姐、师弟师妹们，他们在我论文写作的过程中给予了很多关心和支持，尤其是陈飙博士、郭文博士、李鹏博士、杨子江博士、田世政博士、成海博士、胡莹博士、张一群博士、冯艳滨博士、罗伊玲博士、孔凯博士，他们在我论文选题和写作过程中给予了大量建议，一直给我力量和团队的温暖；感谢钟洁博士在美期间和我不断在目的地机场的相会，一起在时差的不停转换中去到调研地和学术会议会场，在美长达5个多月的寒冬中让我感受到加州阳光的温暖。感谢我的博士生同学们，一路走来，你们与我相互鼓励、彼此支持，温暖了彼此的求学之路。感谢云南旅游职业学院的领导和同事们，在你们的支持下，我终于完成了本书。感谢我的父母和可爱的女儿，你们是我一路走来和未来之旅的最大动力！

国家公园的保护与发展问题极具复杂性，生态保护的压力和社区发展的需求都迫切需要采用因地制宜的自然资源管理方式。环境教育作为游客管理和协调"保护"与"可持续利用"之间关系的有效手段，是避免国家公园沦为"公地悲剧"和完善国家公园体制的重要抓手，本书提出的国家公园环境教育动力机制双模型对此进行了一定探索。本书的研究过程中也发现了许多需要继续深入研究的方面，期望本书的出版能起到抛砖引玉的作用。纰漏不足之处，也恳请广大读者批评指正。

刘静佳

2020 年 11 月

于昆明

目 录

第1章 绪 论

本章作为本书的开篇，奠定了整个研究的基础，主要围绕选题的依据、意义和研究方案进行，具体包括：提出研究问题的相关背景、问题提出的现象和问题的科学逻辑；相关研究文献的综述和梳理，厘清研究的切入点和方向；论证研究的目的和理论及研究意义；从相关课题和项目支撑、实地调研工作基础和案例地选点的典型性三个方面进行研究可行性的分析；确定研究思路和研究的逻辑线索。

1.1 问题的提出

随着社会经济的发展，环境问题日益突出，人们在实践中也发现单靠科学技术力量并不能从根本解决环境问题，环境教育应运而生，成了实现可持续发展的有效方式。在国家公园的五大功能中，环境教育是核心功能，直接关系国家公园功能体系完善、国家公园体制试点、生态文明建设和可持续发展的能否实现，但国家公园是否构建了环境教育动力机制成了其环境教育功能能否发挥的关键，因而本研究具有较强现实意义。

1.1.1 问题提出的背景

1.1.1.1 环境教育之发端：严峻的环境问题

自然环境和生态环境是人们赖以生存和发展的基础，其保护和利用问题广被人们所关注，随着社会经济的发展，环境问题在中国日益成为人们关注的热点和焦点。2016 年 12 月 19 日当天的全国空气质量指数实况图登上了当天网络和社交圈的头条，被各大新闻媒体转载，当时正在美国访学的笔者，也隔着电脑屏幕，感受到了国内浓浓的雾霾和关注度。近年来，诸如空气质量指数实况图等环境专业术语和专业图引起了公众的广泛关注和人们对环境污染的关注度，雾霾、PM2.5 在近两年也成为热词。李克强总理曾在 2016 年 2 月的国务院常务会议上说，要打一场治理雾霾的攻坚战、持久战，但雾霾问题只是中国环境问题的冰山一角。随着社会转型的加速进行，中国高速发展造成的环境问题复合效应日趋明显，中国"面临着一个人类历史上前所未有的发展和环境之间的矛盾"（陈吉宁，2015）。

正如马克思所指出的，人们在自然界中开展生产，并对自然产生影响①。当今严峻的环境问题反映了人与人、人与自然关系的平衡状态被打破了，环境问题与人类的社会经济活动密切相关②，是人与自然关系失衡的表征。在经济高速发展和社会转型的特定时期，环境状况日趋恶化昭示着人与自然的关系失衡到了严重程度，中国严峻的环境问题亟待改善，人们开始审视行为，不断调适和改变与自然相处的方式。

20 世纪 60 年代，美国海洋生物学家蕾切尔·卡逊的著作《寂静的春天》一书的出版掀起了美国环境运动的开端，20 世纪 70 年代进行了环境革命，现代环境教育的理念和实践随着环境保护运动的开展不断得到发展。人们逐渐意识到：科技日新月异的今天，单靠环境技术并不能从根源上解决环境问题，环境教育开始受到重视。我国从 20 世纪 80 年代中期以来，在中小学开展以环境知识的普及为主的环境教育，并在 2011 年第八次基础教育课程改革中，将环境教育正式纳入中小学课程。《建立国家公园体制总体方案》于 2017 年 9 月公布，明确提出：国家公园要"开展自然环境教育"，同国家公园作为生态文明建设的重要举措一起，环境教育成了改善环境问题、建设生态文明的重要路径。

1.1.1.2 环境教育之成熟：国家公园

国家公园作为典型的公益性保护地，具有国家代表意义，保护着其所在国家的国家级自然遗产和文化遗产，兼有保护国家的自然和文化资源以及服务于公众的多重目标，因而成了西方发达国家进行环境教育最为重要的基地

---

① ［德］马克思、恩格斯著，中共中央马克思恩格斯列宁斯大林著作编译局编译：《马克思恩格斯选集（第 2 版）1 卷》，人民出版社 1995 年版，第 344~345 页。
② 洪大用：《当代中国环境问题的八大社会特征》，载《教学与研究》1999 年第 8 期，第 10 页。

和课堂。早在 20 世纪初期，美国就在国家公园建立并逐步完善了以综合解译系统为核心的环境教育体系，使得美国国家公园成为面向全世界的窗口和面向国民进行环境教育的主要基地和最大的天然教室，环境教育成了国家公园的重要功能之一。

尽管各国关于国家公园的理念和建设方式不尽相同，但国际通常都认为国家公园应该具有保护、游憩、科研和环境教育等主要功能。结合中国的国情，我国学者提出了国家公园还应具有社区发展功能，形成了具有中国特色的国家公园的五维功能体系。《云南省国家公园管理条例》中对此进行了规定，提出国家公园是"兼有科学研究、科普教育、游憩展示和社区发展等功能的保护区域"[①]；2017 年《建立国家公园体制总体方案》中对国家公园的规定进一步明确，对生态系统的保护是国家公园的首要任务和功能，同时还要发挥科研、教育、游憩等综合功能，开展自然环境教育，为公众提供亲近自然、体验自然、了解自然以及作为国民福利的游憩机会。环境教育这一功能，既是国家公园公益性的充分体现，同时也是国家公园特点之一，正是因为具有这一功能，才使得国家公园同自然保护区和旅游景区等其他资源地管理模式区别开来。这一功能的发挥，也有助于国家公园其他功能的良好实现，可以说国家公园的环境教育功能和其他功能是相辅相成的，为其他功能的实现提供了基础和条件，是国家公园保护体系的一个鲜明特色，也是国家公园五大功能中重要的核心功能，是缓解人与生态之间矛盾，促进生态文明和自然资源可持续平衡发展的重要保障。

1.1.1.3 环境教育之应然：普达措国家公园

国家公园的鼻祖在美国，自从 1972 年黄石国家公园成立以来，全世界已有 200 多个国家设立了 5576 个风情各异、规模不等的国家公园[②]，建立起了国家公园保护地管理模式。

我国从 1996 年，就开始了基于国家公园建设的新型保护地模式的探索，2006 年 8 月云南省宣告了普达措国家公园的建立，按照国家公园理念和模式

---

① 2016 年 1 月 1 日起施行。
② 张希武：《对中国建立国家公园体制的几点认识》，参见：吴承照主编：《中国国家公园模式探索—2016 首届生态文明与国家公园体制建设学术研讨会论文集》，中国建筑工业出版社 2017 年版，第 13 页。

进行管理。自下而上的实践探索以及国际可持续发展语境的对话需求，加速了我国国家层面的国家公园建设进程。2013 年 11 月明确提出"建立国家公园体制"。2015 年年初，试点方案出台，中国开始了国家公园体制试点工作，力求实现保护地体系"保护为主"和"全民公益性优先"的双重目标。目前国家公园体制试点单位共有 10 家，香格里拉普达措国家公园是云南省唯一入选的国家公园体制试点单位，按照试点方案，到 2020 年要基本完成国家公园的体制试点。云南的国家公园探索具有广泛的基础，最终才会凸显出普达措国家公园的领先和突出保护地位。

此外，云南具有突出的生态保护地位。2015 年 1 月 19 日至 21 日，习近平总书记在云南考察期间，要求云南要成为生态文明建设排头兵，"生态环境是云南的宝贵财富，也是全国的宝贵财富，一定要世世代代保护好"①。云南省是我国生物多样性最丰富的地区，一直都被誉为"植物王国""动物王国""物种基因库"。按照 2018 年生态红线划分标准，云南全省共划定生态保护红线面积 11.8 万平方公里，占国土面积的 30.9%。

云南国家公园试点的先行和突出生态保护地位，成了极好的环境教育研究地。以云南普达措国家公园为对象，对国家公园环境教育的理论进行验证和探索，不仅对云南国家公园保护和可持续发展具有重要的指导意义，对国家公园试点的顺利进行也具有重要的推广价值。

1.1.2 问题提出的现象

然而，与环境教育功能的重要性相矛盾的是，在我国国家公园发展历程中，环境教育功能的构建和体现却成了国家公园体系建设中的一块"短板"。长期以来，在旅游开发为主的理念指导和门票效益的影响下，加之既往过于注重开发旅游和游憩功能，在一定程度上将国家公园混淆于风景名胜区或景区，失去了国家公园的保护地特色和多维功能特色，呈现出国家公园环境教育发展的两组冷热矛盾。

---

① 参见：争当生态文明建设排头 [EB/OL]. http://special.yunnan.cn/feature12/html/2015–03/17/content_3648582_2.htm–.

1.1.2.1 环境教育冷热矛盾之一：国家公园内外

在试点的国家公园中，普达措国家公园从建园伊始，就很注重环境教育的开展，也取得了一定成就，本应成为环境教育的重要场域，但当前的环境教育多体现在单向的静态解说方面，互动性质的环境教育活动、环境教育氛围的营造以及有组织的生态教育活动等还非常缺乏，而在公园之外，各种以自然学校、自然课堂、自然体验为主的环境教育活动在自然保护区、森林公园等户外场所如火如荼地发展起来。根据 2016 年北京林业大学所做的《自然教育行业调查报告》，自然教育在中国的蓬勃发展始于 2010 年，且到 2016 年这种势头一直没有衰减，更多新的自然教育机构不断出现。国家公园内外的环境教育热度和强度形成了鲜明对比，构成了冷热差异的一组显现矛盾。

1.1.2.2 环境教育冷热矛盾之二：中美国家公园

笔者通过在美一年的访学和田野调查又进一步发现，中美国家公园环境教育形成了第二组冷热鲜明的矛盾对比。如果把国家公园看作一个环境教育的"天然大教室"，美国的国家公园教室内人头攒动，学生、老师络绎不绝，教学管理系统井然有序，而相形之下，作为生态文明建设试点的普达措国家公园这一漂亮的大教室内人群显得稀稀拉拉，且大多数人不肯驻足停留太多时间，出现了少有学生、少有教师、少有教材、少有教育机构的"一有四少"的状况，中美国家公园之间的环境教育发展现状构成了冷热差异的另一组显现矛盾。

对比现实中两组环境教育的冷热矛盾：中国国家公园内外以及中美国家公园之间，发现国家公园环境教育的开展和保障成为目前国家公园建设的重大缺失，研究借鉴美国国家公园在环境教育方面的典型经验，并帮助在普达措国家公园开展相关环境教育实践，将有助于这两组矛盾的解决和普达措国家公园体制试点的顺利开展。

1.1.3 问题的科学逻辑

中国大陆从 20 世纪 90 年代开始国家公园建设的相关探索，到 2015 年开始进行国家公园体制试点，现在一共有 10 个国家公园正在建设之中。国家公园作为环境教育的主要空间场域，提供了环境教育的天然大教室，国家也出台了系列发展环境教育和研学旅行的政策，鼓励环境教育和具有环境教育宗旨的研学旅行项目的开展，但在中国国家公园这一环境教育大教室中却少有学生、少有老师、少有教材、少有教育机构，而国家公园外商业环境教育机构却雨后春笋般地发展。国家公园环境教育的供给远不能满足市场对环境教育的旺盛需求，然而为何在国家公园之内会出现"一有四少"的环境教育窘境。从问题的表象研究其内在根源，发现实践的差别根源在于其蕴含的动力机制和相关理念。作为世界国家公园鼻祖的美国国家公园环境教育动力机制何谓，中国是否确立了自身的环境教育动力机制，中美之间国家公园环境教育动力机制的差异何在，如何借鉴美国黄石国家环境教育的动力机制模型并本土化运用于中国大陆试营业的第一个国家公园——普达措国家公园，如何以中国大陆第一个试营业的普达措国家公园为例构建中国特色的国家公园环境教育的动力机制模型，这一系列问题的解决构成了本研究的科学逻辑线索。

1.2 研究综述

本节对环境教育的相关研究、国家公园环境教育的相关研究以及围绕普达措国家公园进行的研究和动力机制的研究进行了梳理，并提出了综述结论，作为论文选题的依据。

1.2.1 环境教育研究综述

1.2.1.1 国外环境教育研究综述

环境教育的思想最早可以追溯到卢梭（1712—1778 年）的自然教育思想，其在 1762 年出版的《爱弥尔：论教育》中以小说的形式隐喻了其自然教育哲学思想，在书中，他提到教育要包含对环境的关注，教师需要为学生提供学习的机会，并在书中讨论了人类发展的阶段以及不同阶段对教学和教育的意义[①]。随着社会发展，此后国际环境教育以不同表现形式发展，其内涵的演进划分为四个时期：早期萌芽时期（20 世纪 30 年代以前）、保育教育时代（20 世纪 30 年代至 1968 年）、现代环境教育形成期（1969 年至 1989 年）和面向未来的环境教育时

---

① ［法］卢梭·爱弥儿：《论教育》，商务印书馆 1978 年版，第 212 页。

期（20 世纪 90 年代至今）。在早期萌芽时期，尽管环境教育这一提法并没有获得公认，但从自然教育中萌生的教育和自然相结合的思想对后来环境教育思想的形成构成了重要奠基作用。教育和自然的互相融合，使得环境教育既具有传统教育的特点，又需要突破传统教育的局限性，创设身临其境甚至是天然的大教室。

自然研究、经验教育、户外教育和保育教育等理念在长期交互发展中最终汇入环境教育之大河 ①，但这些思想源流直到今天依然保持着强劲独立性的发展势头。自从 1962 年蕾切尔·卡逊《寂静的春天》的出版唤起人们的环境意识以来，环境教育就成为一个热门的词汇，并且一直以不同的形式表现，诸如自然研究、户外教育、保育教育、经验教育、室内研究、课堂讲授、专家演讲等，但其最根本的内涵在于要引导人们从根本上关注环境问题，关心人类和周围环境之间的相互联系。1968 年比尔·斯泰普（Bill Stapp，1930—2001 年）对环境教育下的定义广为人们所接受："环境教育旨在养成这一类的公民，他们在涉及生物物理环境及相关问题时，知识渊博有见识，意识到应该怎样解决这些问题，并具有寻找解决问题途径的工作动机。"② 这一定义着重于对环境教育目标的界定，要培养既有在环境方面具有知识、意识和技能的公民，更为重要的是，强调具有环境行为方面的"动机"，而不局限于技能和意识方面，这就突破了以往将环境问题的解决局限于科学和技术层面的思维，将环境问题的解决提升至社会科学层面。

另一被广为接受的定义来自英国的卢卡斯教授，这一定义被称为"卢卡斯环境教育模式"，把环境教育归结为"关于环境的教育"（Education about the Environment）、"通过环境的教育"（Education in or through the Environment）、"为了环境的教育"（Education for the Environment）三个方面，单纯满足其中一个条件并不是真正的环境教育，必须满足其中两者或三者。在这一模式指导下，环境教育的开展强调场域的创设，并关注特定场域下对人们环境价值观和环境行为的改变。

四十年来，在实证主义和定量方法指导下，伴随着公众对环境和生态系统保护的关注和环境保护行动的泛化，环境教育思想研究得到了快速的发

---

① 徐湘荷：《生态教育思想研究》，山东师范大学 2012 年博士论文，第 10 页。
② 同①。

展，美国奥尔（Orr，1990）认为：所有教育都是环境教育[①]。但是，必须承认的是近年来人们也认识到，环境问题的解决不能仅仅依赖于科学和技术手段，环境教育思想也开始向人文主义和解释主义的方向转变。在其后的发展历程中，环境教育在不同语境下被赋予了不同的含义，如1988年联合国教科文组织提出了"可持续发展教育"一词（Education For Sustainability，EFS），1992年斯蒂芬·斯特林对"可持续发展教育"的概念进行了进一步完善，但这两个概念还是在思路上纠缠不清[②]，两者同时发展并互相促进。首先，使得环境教育思想和环保意识的观点更深入人心；其次，进一步拓展了环境教育思想的内涵，促使人们更为关注环境与人类行为的相关性，并通过环境教育和可持续教育实现环境保护的共同目标。人们对人类与生态之间关系的认识也上升到"新生态范式"阶段（New Ecological Paradigm，NEP）（Catton etc.，1978），认为人类的生存和生活都依赖于周边的生态环境之中，因而会受到约束，人们开始逐渐重视对生态法则的尊重。

1.2.1.2 国内环境教育研究综述

20世纪90年代以前的环境教育多在学校场域进行，以环境知识教育或环境宣传教育的形式为主，这一时期相关的研究多与学科教育结合进行。随着环境问题的不断显现，环境教育在教育中的地位日益显现（吴鼎福，1991）[③]，除了众多对学校环境教育的应用研究之外，开始将研究视角置于企业环境教育（马洪祥，1991）[④]、厂校结合的环境教育（贺之甫等，1991）[⑤]、家庭环境教育（魏济华，1992）[⑥]、林业环境教育（胡涌，1992）[⑦]等。关于环境教育内涵的探讨从90年代开始，认为"环境教育涉及人和自然及人与环境关系的综合教

---

① Orr D W. "Environmental Education and Ecological Literacy" In *Education Digest*，1990.
② 徐湘荷：《生态教育思想研究》，山东师范大学2012年博士论文，第19~24页。
③ 吴鼎福：《加强环境教育——90年代教育发展的一个新趋势》，载《南京师大学报（社会科学版）》，1991年第4期，第73页。
④ 马洪祥：《企业环境教育浅探》，载《中国环境管理》，1991年第3期，第11页。
⑤ 贺之甫、吴炳炎、唐建民：《厂校挂钩开展环境教育》，载《中国环境管理》，1991年第3期，第34页。
⑥ 魏济华：《优化家庭教育环境之我见》，载《许昌学院学报》，1992年第4期，第111页。
⑦ 胡涌：《关于林业教育环境研究的构思》，载《中国林业教育》，1992年第4期，第20页。

育过程"①，环境教育被列入21世纪中国持续发展的重要议程②，自然环境的教育价值也被所认知③。彭立威（2002）认为环境教育需要解决的最根本的问题，是对人与自然关系的伦理解析④。

对环境教育的研究还围绕与生态旅游的相关性以及环境教育的场域进行，王跃华（1999）提出，环境教育是生态旅游的四大功能之一⑤，两者之间的关联性得到了验证⑥。赵献英（1994）认为自然保护区需要通过环境教育，实现可持续发展的目的⑦，可持续发展和经济发展的共同基础和交叉点就是环境教育（陈践，1996）⑧，王建平（1997）认为博物馆将在生态环境教育中发挥重要作用⑨，吴祖强（1999）认为开展野外环境教育活动有描述解释型、验证假设型和设计发现型3种类型⑩，林宪生等（2003）以大连市为例，概括其环境教育基地资源的特点，构建生物、工业、农业、科技、文化、休闲等环境教育基地体系⑪，叶亮（2001）探讨了利用白莲洞遗址建立环境教育基地的可能性⑫，刘艳等（2009）对博物馆进行环境教育的重要性进行了研究⑬，何晰等

---

① 佚名:《什么是环境教育》，载《有色金属高教研究》，1992 年第 2 期，第 33 页。

② 王伟强、盛敏之、许庆瑞:《环境教育——21世纪中国持续发展的重要议程》，载《科学管理研究》，1994 年第 5 期，第 52 页。

③ 刘铁芳:《自然环境的教育价值》，载《学前教育研究》，1994 年第 4 期，第 16 页。

④ 彭立威:《环境教育的认识基点——对人与自然关系的伦理解析》，载《湖南城建高等专科学校学报》，2002 年第 4 期，第 51 页。

⑤ 王跃华:《论生态旅游内涵的发展》，载《思想战线》，1999 年第 6 期，第 43 页。

⑥ 李嘉:《环境教育与生态旅游关联性分析研究》，载《成都中医药大学学报（教育科学版）》，2011 年第 4 期，第 40 页。

⑦ 赵献英:《自然保护区的建立与持续发展的关系》，载《中国人口·资源与环境》，1994 年第1期，第 20 页。

⑧ 陈践、朱青山、赵由才:《环境教育在我国可持续发展中的重要作用》，载《同济大学学报（人文·社会科学版）》，1996 年第 2 期，第 42 页。

⑨ 王建平、王瑞芬:《博物馆与生态环境教育》，载《中国博物馆》，1997 年第 4 期，第 40 页。

⑩ 吴祖强:《野外环境教育活动的设计》，载《上海环境科学》，1999 年第 4 期，第 529 页。

⑪ 林宪生、高杨:《大连市环境教育基地体系构建》，载《辽宁师范大学学报》，2003 年第 6 期，第 36 页。

⑫ 叶亮:《浅析白莲洞遗址在环境教育上的优势和潜力》，载《史前研究》，2006 年，第 341 页。

⑬ 刘艳、王民:《国内外博物馆环境教育文献综述》，载《环境与可持续发展》，2009 年第 6 期，第 25 页。

（2009）针对南京中山植物园进行了环境解说系统调查分析及改进对策研究[①]，是丽娜等（2011）以南京林业大学为研究对象，探讨大学生旅游者学科专业、性别因素对环境素养水平的影响[②]，基于环境教育中环境的重要性，周儒（2016）认为通过环境教育，能重新连人与自然[③]，环境学习中心是环境教育的重要场域（周儒，2013）[④]，李文明（2012）采用实验对比法，对生态旅游环境教育效果评价进行了实证研究，印证了环境教育干预的积极作用[⑤]，蒋爱群等（2011）建议把环境教育作为农村妇女教育的重要内容[⑥]，王民（2012）对环境意识的内涵和指标进行了研究[⑦]。

在中国语境中，也采用生态教育或自然教育的词汇。生态教育思想强调人类和自然的关系处于平等和相辅相成的状态，人类在凝视自然的同时，自然也在凝视人类，两者是共同体。"环境"是一个人类中心的、二元论的术语（Cheryll Glotfolty&Harold Formm，1996）[⑧]，因而环境教育思想不可避免地带有"人类豁免主义范式"的色彩，其逻辑起点是人类中心主义的自然观。两者价值预设的不同，反映了人们对人类与周边生态的关系开始了新的界定。

关于生态教育的定义也层出不穷，如"关于保护自然和保护环境的教育"（刘静，2010）[⑨]，或是将其定义为从生态整体利益出发的教育观，其最终指向是实现可持续发展，揭示了生态教育的核心是围绕保护自然和保护环境，最终实现自然和环境的可持续发展。层出不穷的定义界定了生态教育的基础学科和指导思

---

① 何晒、张明庆、张玲、李学东：《植物园环境解说系统调查分析及改进对策研究——以南京中山植物园为例》，载《首都师范大学学报（自然科学版）》，2009 年第 6 期，第 35 页。

② 是丽娜、王国聘：《大学生旅游者环境素养调查及环境教育研究》，载《北方环境》，2011 年第 23 期，第 163 页。

③ 周儒：《重新连结人与自然》，载《环境教育》，2016 年第 10 期，第 76 页。

④ 周儒：《优质教育的推手——环境学习中心》，载《中学地理教学参考》，2013 年第 1 期，第 130 页。

⑤ 李文明：《生态旅游环境教育效果评价实证研究》，载《旅游学刊》，2012 年第 12 期，第 80 页。

⑥ 蒋爱群、冯英利：《农村妇女在保护农业生物多样性中的作用、困境与出路》，载《中国农业大学学报（社会科学版）》，2011 年第 4 期，第 64 页。

⑦ 王民：《环境意识的内涵与调查指标》，载《环境教育》，2012 年第 12 期，第 23 页。

⑧ Cheryll Glotfolty, Harold Formm. *The Ecocriticism Reader: Landmrk inEcology*, Athens, Georgia : The University of Georgia Press，1996,p.17.

⑨ 刘静：《生态教育的内涵、意义及实施路径》，载《哈尔滨市委党校学报》，2010 年第 6 期，第 92 页。

想源自生态学，对象是公众，具有全民性的特点，实现路径是理论指导和教育实践，最终目的指向可持续发展和生态文明的实现。而按照"知识—意识—行为"路径学说，结合中国现实语境，笔者认为，生态教育是以生态学为指导，通过面向公众的教育实践，以提高人们的生态意识及生态素养，进而培养对生态负责任行为，实现可持续发展和生态文明建设的双重目标。这一理念的实质是环境教育在中国语境中的表现，以期达到生态文明建设的最终诉求和目标。

1.2.1.3 综述小结

总体而言，国外环境教育研究较早，且已经突破了内涵界定不清阶段，对环境教育的目标、场域等有了明确认识，国内尚处于初始阶段，各种主旨的环境教育研究百花齐放，环境教育尚未完全从学科教育中进入更为宽广的场域，这也正是国内环境教育实践发展现实状况的学术映照。

1.2.2 国家公园环境教育研究综述

1.2.2.1 国外国家公园环境教育研究综述

世界国家公园的进程始于 1872 年美国黄石国家公园的建立，此后，国家公园的相关研究不断出现，最初的研究侧重于自然资源的保护，后来逐渐向国家公园的利益相关者关系、国家公园的公私合作伙伴关系等内容延伸[1]，从自然科学的导向走向了社会科学为主的多维度研究导向，成为"不断变化的各种思想的总和"（Robert，2013）[2]。就广泛意义而言，环境教育意味着要为不同年龄段的人们提供多元的环境学习机会，这些学习机会形式多样，包括各种官方和非官方项目、志愿者项目、终身学习、各种出版物、展览、电影、研究等。正是因为环境教育项目的多元化，在环境保护运动和保护区发展的进程中，国家公园成了环境教育天然的图书馆、实验室和教室，美国的国家公园也被誉为"美国最大的教室"（Ronald，1984）[3]，对环境教育有着卓越贡献。环境教育是国家公园与游客之间的重要联系方式，是国家公园管理内容

---

[1]　肖练练、钟林生、周睿等：《近 30 年来国外国家公园研究进展与启示》，载《地理科学进展》，2017 年第 2 期，第 244 页。

[2]　Robert B Keiter.*To Conserve Unimpaired: the Evolution of the National ParkIdea*，Washington，D.C.：Island Press，2013.p.10.

[3]　Ronald A Foresta. *America's National Parks and Their Keepers*，Washington，D.C，1984.p.39.

的重要组成部分。美国国家公园的环境教育主要通过解说与教育服务实现，国家公园的解说与教育已经成为其国家公园"管理体制中不可或缺的组成部分"（王辉等，2016）①。美国国家公园管理局将环境教育定义为："通过向公众提供难忘的教育和游憩体验，在保护资源的同时通过某些方式将这些资源不经受损地保留下来，为将来世代提供同样的享用机会。"②

从 20 世纪六七十年代开始，随着环境运动的开展，对国家公园环境解说和环境教育的研究增多，主要集中于如下几方面。

（1）解说、环境解说与环境教育的内涵和关系研究。由于解说（interpretation）、环境解说（environmental interpretation）、自然解说（nature interpretation）、自然学习（nature study）和环境教育（environmental education）在词义上具有共通性（Knapp，1997）③，很多论文、著作和政府机构将环境解说和环境教育交换使用（Carson & Knudson，1996④；Cornish，1995⑤；Ham，1992⑥），且大部分都和社会领域事件相关。很多人认为环境教育和解说两个术语是相通的，不必刻意加以区分，直到今天很多文章及政府机构不加区分地使用环境解说和环境教育这两个术语。很多研究也将解说、环境解说、旅游解说、遗产解说等同，认为其没有本质区别（吴必虎，2003⑦；赵明，2011⑧），这在一定程度上是因为众多的研究将解说过程置于游憩场景之中来进行研究，不管

---

① 王辉、张佳琛、刘小宇、王亮：《美国国家公园的解说与教育服务研究——以西奥多·罗斯福国家公园为例》，载《旅游学刊》，2016 年第 5 期，第 119 页。

② 张婧雅、李卅、张玉钧：《美国国家公园环境解说的规划管理及启示》，载《建筑与文化》，2016 年第 3 期，第 170 页。

③ Knapp D. "The Relationship between Environmental Interpretation and Environmental Education", In *Legacy*, 1997（8）.

④ Carson, Knudson D M. "Interpretation at national wildlife refuges：What managers see". In *Legacy*, 1996（6）. p.12–15.

⑤ Cornish T R. "Environmental success stories：The role of interpretation", In *Journal of the National Association for Interpretation*, 1996（9）. p.2–4.

⑥ Ham S. *Environmental Interpretation: A Practical Guide for People with Big Ideas and Small Budgets*[M].Golden, CO：North American Press.1992. p.37.

⑦ 吴必虎、高向平、邓冰：《国内外环境解说研究综述》，载《地理科学进展》，2003 年第 3 期，第 226 页。

⑧ 赵明：《环境解说相关研究进展及对景区管理实践启示》，载《重庆师范大学学报（自然科学版）》，2011 年第 5 期，第 85 页。

其是发生在以自然资源为主的场所——环境解说，还是文化遗产类资源为主的场所——遗产解说，解说都承载了与环境沟通的目的。尽管如此，从词义的构成来说，解说是一个涵盖了环境解说、体育赛事解说和影视解说等不同范畴的集合概念，从狭义范围可以讲解说等同于环境解说，但是广义而言，环境解说是解说的一个范畴，这一范畴在环境问题严峻的今天，引起了学者的特别关注。

解说和导游成为一种职业的历史十分悠久，可以追溯到公元前 460 年。在《哈利加诺思的希罗多德》一书中就对埃及金字塔的导游进行了记载[①]。此外，当时的人们还从旅游书籍和文献中获得旅行指导。16 世纪 60 年代，人们认为可以通过旅行过程进行相关教育，因此流行由老师或者解说者陪同贵族中的年轻人进行旅行。19 世纪 80 年代，解说和导游大量出现在北美地区，大批很受欢迎的知名解说者也不断涌现[②]。

1871 年约翰·缪尔（John Muir）在其优胜美地自然笔记中写道："我要解说岩石，学习洪水、风暴和雪崩的语言，我要熟悉冰川和荒野花园，并尽可能地接近世界的中心。"从此，这一词汇作为解释和理解自然现象而使用[③]，解说一词被赋予了现代意义，成了人与自然沟通连接的方式之一。1888 年，自然导游先锋——依诺丝·米尔斯（Enos Mills）将解说变成了一种商业行为，并成立了第一所自然学校。可以说，现代意义的解说从其发端就与人们的游憩和旅游活动发生着千丝万缕的关系（Mills，1923）[④]。费里曼·提顿（Freeman Tilden）的代表作《解说我们的遗产》在 1957 年出版，书中提到著名的解说的六原则，使解说得到了学术界和美国国家公园管理局的认可。1954 年，美国成立了解说自然主义者协会（Association of Interpretive Naturalists），随后的 1965 年成立了西部解说员协会（Western Interpreters Association），两大协会

---

① 陶伟、洪艳、杜小芳：《解说：源起、概念、研究内容和方法》，载《人文地理》，2009 年第 5 期，第 101 页。

② Hild A. "Review of 'Language processing and simultaneous interpreting' by Birgitta Englund Dimitrova and Kenneth Hyltenstam". In *Interpreting: International Journal of Research & Practice in Interpreting*，2002，5（1）. p.63–69.

③ 孙燕：《美国国家公园解说的兴起及启示》，载《中国园林》，2012 年第 6 期，第 110 页。

④ Mills E E .*The Adventures of a Nature Guide*. New York：Doubleday，Page & Company，1923.p.30–72.

的成立使解说得到了专业认可①，1988 年，两个组织合并成立了国家解说协会（National Association for Interpretation，NAI），总部位于美国科罗拉多州，其会员遍布全球 30 多个国家，解说的国际影响力日益扩大。

关于解说的定义，学者从不同角度进行了诠释。解说之父费里曼·提顿认为"解说是一种教育活动"，其目标并不是事实的简单陈述，而在于"揭示原始事物的含义和相互之间的关联"，这一过程需要借助"游客的亲身经历及各种演示媒体"②。这一定义将解说和普通的信息传递过程区分开来，并揭示了解说的实质是教育活动的一种，因此，很多研究也将环境解说和环境教育等同。

然而，尽管"将解说从环境教育中区分开来很困难"（Sharpe，1982）③，但两者也需要加以区分，解说因其缺乏基于研究为基础的项目发展目标而使得其只能被认为是环境教育的一个方面，而不能等同于环境教育。解说不以获得环境教育的终极目标为取向，一次两小时的解说有可能不能对游客个体对环境的行为产生改变，但从另一方面而言，解说经历可以成为行为改变目标的基本和有效工具。NAI 将解说定义为"一种基于任务的沟通过程，能在受众的兴趣和资源的核心意义之间形成情感和智力的连接"，这一定义强调了解说的目的性及相关性。环境解说是环境教育的一个方面，不能等同于环境教育本身。环境解说是一个相对较短的过程，目的在于揭示信息，而环境教育的宗旨在于改变人们的认识、行为和价值观等，是一个长期循序渐进的过程。

Knapp（1998）认为环境教育与环境解说有三大区别：①环境教育更强调和正式机构的关联性，并需要参与者的后续学习的投入，是一种更为结构化的内容传达过程；②环境解说并不像环境教育那样旨在通过项目实施改变人们的行为；③环境解说因为能提高参与者和游客的意识，从而提高人们对生态知识和地方信息的关注度（Walberg and Walberg，1994；Knapp and Barrie，1995）。环境解说因其持续的时间较短，是参与者的短期经历，因此其对管理和保护的贡献也就不像态度改变那样可以测量（Knapp，1996），环境解说

---

① 参见：美国国家解说协会官方网站：*What is NAI?*［EB/OL］http://www. Interpnet.com/NAI/interp/About/About_NAI/nai/_About/Who_We_Are.aspx?hkey=4be98c16–d970–4064–bdbc–e63a3984cab3.

② Freeman Tilde. *Interpreting Our Heritage: Easyread Super Large 24pt Edition*.University of North Carolina Press.2008.p.8.

③ Sharpe G. *Interpreting the Environment*. New York.Wiley & Sons.1982.p.51.

是环境教育的有限手段和方式，环境解说和环境教育两者不能等同，环境解说是一个相对较短的过程，目的在于揭示信息。

（2）环境教育的原则研究。关于环境教育的原则，最早来自 Freeman Tilden 在 1957 年提出的解说六原则，即解说要与游客的阅历结合、解说不仅是信息传递、解说的综合人文性、目的在于启示、强调整体设计和对儿童解说的单独设计[①]，这六大原则将解说过程同信息的单向传播过程区分开来，强调解说信息的双向沟通过程，并强调解说的人文性和启发性，尤其将不同受众特别是 12 岁以下儿童单列出来，这为后来解说实践活动的开展提供了基本原则，被沿用推广至今。

环境教育不能成为室内正式教育的户外衍生，环境教育者需要承担"教育者"和"表演者"的双重角色，需要运用多种技巧吸引受众的注意力，并激发兴趣（Ham，1992；Weiler and Black，2015），才能在活动中将环境信息有效传达。

（3）环境教育功能的研究。环境教育的相关理论主要借助于社会学、心理学和传播学科的介入而进行。大量的实证研究借助于理性行为理论模型和计划行为理论模型（Azjen，1991）进行，计划行为理论模型是理性行为理论模型的有效延伸，在上述理论模型指导下，关于解说功能产生了大量研究。对环境解说的研究表明，首先，解说可以增加人们对有关资源的生态和其他基本信息的认知（Koran & Ellis，1989；Lisowski & Disinger，1988；Ramey，Walberg & Walberg，1994），资源地的相关基本认知和信息能促进游客对其的了解（Drake & Knapp，1994；Knapp & Barrie，1995）。其次，解说很难改变人们的态度和行为（Cable，Knudson，& Theobald，1986；Gramann & Vander Stoep，1987；Roggenbuck，Hammitt & Berrier，1982）。短时间的解说经历很难达到专业人士预设的管理或保护者培养目标（Knapp，1996）。

Sharpe（1994）认为解说应被看作对游客的服务，这类型服务可见于保护区、公园或森林等场所，通过解说这种服务，可以使得游客与这些场所的自然、文化资源之间进行交流，促进公众对场所的了解，从而实现场所的管理

---

① Freeman Tilde. *Interpreting Our Heritage: Easyread Super Large 24pt Edition*.University of North Carolina Press.2008.

目标，并最终增进公众对机构的理解[①]。此后，其在后续研究中运用环境教育行为变化模式作为环境解说目标框架的基础。

解说首先具有娱乐和教育作用，也是一种有效的游客管理策略，且能提升旅游体验。根据 NAI 对解说的定义，"解说是一种基于任务的沟通过程，能在受众的兴趣和资源的核心意义之间形成情感和智力的连接"，这一定义强调了解说的目的性及相关性。

Sam（2013）认为解说是一种基于任务的沟通方式，其目的在于唤起人们的探索兴趣，并与事物、地方、其他人和概念发生个人联系[②]。该定义揭示了解说是一种沟通方式，因而需要激起人们的兴趣，解说具有目的性，通常和组织的核心使命和任务有关；成功的解说需要唤起受众的思考、意思和联系。Sam（2013）还认为解说具有主题性、组织性、相关性和欣赏性的 TORE 模式（Thematic，Organized，Relevant，Enjoyable）[③]。

Brown（1971）提出环境教育的目的在于激起人们最终产生环境保护行动，这一过程可能从关注、讨论开始直至行动的产生[④]。Aldridge（1972）认为，环境教育的主旨是唤起公众对于环境保护和保育的贡献[⑤]。笔者认为，环境教育并不仅仅是一种"环境 + 教育"的简单构成，是一种在特定环境中进行的解说过程和活动，旨在通过信息传播，唤起人们的环境意识并采取环境负责任行为。这一定义强调了在环境中（In）进行和环境相关的（About）的促进环境可持续发展的解说活动（For）。

环境教育实质是一种信息活动过程（赵明，2011）[⑥]，通过这个活动过程，

---

① Knapp D H.*Validating a framework of goals for program development in environmental interpretation* [D]. Southern Illinois University at Carbondale. 1994.

② Sam. *Interpretation making a difference on Purpose*.Fulcrum Publishing.2013.p.8.

③ 同②。

④ Brown，William E.*Island of hope: parks and recreation in environmental crisis*[R].Washionton：Nation Recreation and Park Association，1971.

⑤ Aldridge D.*Upgrading park interpretation and communication with the public*[C]//Elliott S H.Second World Conference on National Parks，Morges，Switzerland：InternationalUnion for Conservation of Nature and Natural Resources，1972.p. 300–311.

⑥ 赵明：《环境解说相关研究进展及对景区管理实践启示》，载《重庆师范大学学报（自然科学版）》，2011 年第 5 期，第 85 页。

揭示事物之间关系和意义的信息能够得到有效传递，与一般信息传递过程不同的是，环境教育一般发生于游憩过程之中，这就使得游憩活动的发生场所，诸如国家公园、自然保护区、风景名胜区、博物馆、植物园、景区等，成为研究的理想场所。

环境教育是服务，Edwards（1965）提出其包含了信息、解说员、教育、游乐、倡导、灵感启发 6 种性质的服务 [①]，Sharpe 认为其本质是游客服务，吴忠宏认为其是讯息传递的服务。

环境教育是管理游客的有效手段。Grant W.Sharpe 认为，通过环境教育能促使游客谨慎使用资源，并减少人类对资源的影响。环境教育的基本目的是帮助游客更好地认识、理解和欣赏其所参观的场所，其次是实现管理目标，并最终达到使公众理解的目的。Knapp（1994）运用环境教育行为变化模式作为环境教育目标框架的基础 [②]。

（4）对受众的研究。由于环境教育和旅游的天然耦合性，其通常发生在适合开展旅游活动的自然和文化遗产场所（Larrybeck，Ted T.Cable，1998）[③]，因此环境教育的受众主要是到访的游客。Stewart 等人（1998）将访问国家公园的游客分为四种类型，即主动寻求型、随机获取型、导游陪同型和规避型，不同类型游客的解说需求不同，环境教育力度和评价手段也随之不同 [④]。Ham（1992）将受众分为强迫型（Captive）和自愿型两类（Non-captive），Moscardo 等人（1986）把受众分成积极的与钝化的两种，同时解说的设计应该致力于前者 [⑤]，两种类型的游客也会转换，积极型的游客一旦自我控制力

① Edwards R Y. "Park interpretation" In *Park News*，1965，1（1）．p.11–16.

② Knapp D H. *Validating a framework of goals for program development in environmental interpretation*［D］.Southern Illinois University at Carbondale，1994.

③ Beck L，Cable T T. *Interpretation for the 21st Century: Fifteen Guiding Principles for Interpreting Nature and Culture*，Champaign：Sagamore Publishing，1998. p.10–11.

④ Stewart E J，Hayward B M，Devlin P J，et al. "The 'place' of interpretation：A new approach to the evaluation of interpretation"．In *Tourism Management*，1998，19（3）．p.257–266.

⑤ Moscardo G，Pearce P L . Visitor centres and environmental interpretation：An exploration of the relationships among visitor enjoyment，understanding and mindfulness. In *Journal of Environmental Psychology*，1986，6（2）．p.89–108.

降低或减弱，就会转向钝化型游客（Langer, Piper，1988）[1]。因此 Thorndyke（1977）提出主题内容的传达要掌握时机，尽快在人们转移注意力之前完成[2]。

1.2.2.2 国内国家公园环境教育研究综述

国内研究主要聚焦于国外经验的借鉴。囿于社会发展阶段和国家公园相关理论和研究的局限，环境教育相关理论在此前的研究并没有在国家公园的系列理论研究中占到重要位置，以国家公园环境教育为主题的相关研究鲜见，于是扩大范围，以篇名"国家公园"为检索词在 CNKI 中国知网查询，截至 2018 年 1 月 17 日，共搜索到相关文献 9713 篇，对文献进行筛选后统计到的历年相关文献见图 1-1。通过对 1980 年到 2017 年发表的相关文献进行统计、分析、整理后，发现国内国家公园的研究按时间可以分为三个阶段：萌芽期（1980—1995 年）、探索期（1996—2003 年）和百家争鸣期（2004 年至今）。其中，萌芽期的文献多以介绍国外国家公园概况和管理经验为主，成果多见于动物学和植物学界，克齐（1985）提出建设长江三峡国家公园的蓝图，这是文献中首次提出要将国家公园建设引入我国，但在文中也提到要通过国家公园建设，打造"二十一世纪世界旅游的中心"[3]，突出了国家公园的旅游功能的发挥，这和国家公园以保护为主旨仍有观念上的偏离之处，这也为后来国家公园中保护和旅游功能的大讨论埋下了伏笔。1994 年 11 月 9 日的《云南日报》最早刊登了一篇短文"我国的国家公园知多少？"，罗列了 20 个国家公园，包括"缙云山""泸沽湖""鸡足山""昆明"等地名，这其中，多是风景名胜区，还夹杂了城市，充分说明在这一时期，无论是学界还是新闻媒体界都对国家公园界定不明，对国家公园的认识仅仅停留在名词范围。此后，随着 1996 年的中国大陆国家公园保护地新型模式的探索和实践，也开启了探索期的学术研究，以介绍国外国家公园的管理体制和先进经验为主。

---

[1] Langer E J, Piper A. "Television form a mindful/mindless perspective". In *Applied Social Psychology Annual*.1998, 8.p.247–260.

[2] Thorndyke P W. "Cognitive structures in comprehension and memory of narrative discourse". In *Cognitive psychology*. 1977, 9（1）. p.77–110.

[3] 克齐：《建设长江三峡国家公园的兰图》，载《人民长江》，1985 年第 4 期，第 37 页。

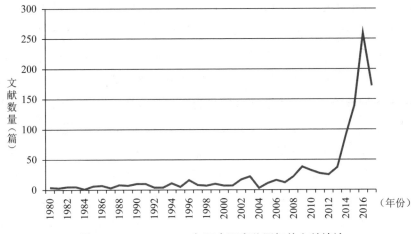

图 1-1　1980—2017 年国内国家公园相关文献统计

　　从 2004 年开始，对国家公园的研究从宏观叙事转向细微叙事，除了延续对国外国家公园的引介和研究外，开始主要基于中国的实践探索。囿于"国家公园"这一概念在体制试点以前一直处于讨论之中，对国家公园的研究聚焦于国家公园的属性（陈耀华等，2014[①]；李鹏，2015[②]；唐芳林，2014[③]；王连勇，2014[④]）、管理体制建设（田世政等，2011）[⑤]、国家公园的管理和治理（沈海琴，2012）[⑥] 以及社区发展等几方面对国家公园进行研究，对环境教育功能的研究相对较少。

　　王辉等（2016）将美国国家公园解说与教育服务的发展历程分为 4 个阶段：萌芽阶段（1871—1919 年）、实施阶段（1920—1925 年）、建设阶段

　　① 陈耀华、黄丹、颜思琦：《论国家公园的公益性、国家主导性和科学性》，载《地理科学》，2014 年第 3 期，第 257 页。

　　② 李鹏：《国家公园中央治理模式的"国""民"性》，载《旅游学刊》，2015 年第 5 期，第 5 页。

　　③ 唐芳林：《国家公园属性分析和建立国家公园体制的路径初探》，载《林业建设》，2014 年第 3 期，第 1 页。

　　④ 王连勇、霍伦贺斯特·斯蒂芬：《创建统一的中华国家公园体系——美国历史经验的启示》，载《地理研究》，2014 年第 12 期，第 2407 页。

　　⑤ 田世政、杨桂华：《中国国家公园发展的路径选择：国际经验与案例研究》，载《中国软科学》，2011 年第 12 期，第 6 页。

　　⑥ 沈海琴：《美国国家公园游客体验指标评述：以 ROS、LAC、VERP 为例》，载《风景园林》，2013 年第 5 期，第 86 页。

（1926—1980 年）和完善阶段（1981 年至今），并以西奥多·罗斯福国家公园的具体解说与教育项目为例，揭示出美国国家公园解说与教育服务的坚强后盾：专业的规划、严格的人员要求、健全的解说与教育项目和公园各种系列的定期评估。余国培（2000）认为英国环境教育积累了丰富经验，其多方位地利用各种资源，进行渗透式环境教育，包括在国家公园之内。加拿大国家公园的解说系统服务发展从 20 世纪 20 年代发展至今已相对完善[1]，其解说系统的主要目标是为游客提供导游和信息服务。国家公园多维功能体系的发挥亟须对环境教育功能的培育（刘静佳，2017），张婧雅等（2016）认为，中国国家公园环境教育应：①以保护资源环境、激发大众自然观形成为价值准绳；②以环境教育的原则统领各利益相关者；③制订环境教育专项规划及管理计划；④建立多领域合作的环境教育规划工作模式；⑤在国家公园管理机构中设置环境解说教育专项部门；⑥建立多主体合作的网络结构[2]。薛熙明（2017）提出要重视在国家公园中开展生态旅游教育[3]，宋立中等（2017）认为欧美国家公园游憩利用与生态保育协调机制的成功之处也在于其环境教育的发挥[4]。

1.2.2.3 综述小结

通过上述研究现状的梳理可以看出，国外对于国家公园环境教育的研究已经脱离了单纯宏观叙事的阶段，针对功能的层次以及不同受众进行了细分研究；国内对国家公园环境教育的研究侧重于可持续发展[5][6][7]、环境意识[8]和

---

[1] 张成渝：《加拿大国家公园的解说系统》，载《中国旅游报》，2002 年 10 月 25 日。

[2] 张婧雅、李卅、张玉钧：《美国国家公园环境解说的规划管理及启示》，载《建筑与文化》，2016 年第 3 期，第 170 页。

[3] 薛熙明：《国家公园的生态旅游教育》，载《旅游研究》，2017 年第 6 期，第 2 页。

[4] 宋立中、卢雨、严国荣、张伟贤：《欧美国家公园游憩利用与生态保育协调机制研究及启示》，载《福建论坛（人文社会科学版）》，2017 年第 8 期，第 155 页。

[5] 徐菲菲：《制度可持续性视角下英国国家公园体制建设和管治模式研究》，载《旅游科学》，2015 年第 3 期，第 27 页。

[6] 程绍文、张捷、胡静、XU Fei-fei：《中英国家公园旅游可持续性比较研究——以中国九寨沟和英国新森林国家公园为例》，载《人文地理》，2013 年第 2 期，第 20 页。

[7] 张海霞、汪宇明：《可持续自然旅游发展的国家公园模式及其启示——以优胜美地国家公园和科里国家公园为例》，载《经济地理》，2010 年第 1 期，第 156 页。

[8] 同[7]。

环境负责任行为的培育①、环境解说体系构建②等方面，现有研究多处于宏观的理论建构和微观的操作实施层面，较多地借鉴了国外经验，而对于构建宏观和微观之间的中观层面的研究，尤其是国外国家公园环境教育的实践经验和动力机制方面的研究鲜有突破。

1.2.3 普达措国家公园研究综述

1.2.3.1 普达措国家公园研究综述

位于云南省迪庆州香格里拉市的普达措国家一直是研究热点，很大程度是因为其是我国第一家试运营的国家公园，研究者主要以云南大学和西南林业大学的研究团队为主。

云南大学的研究团队多从管理机制（田世政等，2009，2011；陈娜，2016；唐立洲，2016）和生态补偿等方面进行研究（张一群，2012），田世政等（2009）从公园旅游管理制度变迁的阶段分析了普达措国家公园模式的演变历程，并提出其实质是外部环境变化、"利润"追逐、多方推动和路径依赖综合作用的结果③，在长期研究基础上，提出需要借鉴 IUCN 标准，重塑全国保护地体系，建立三级自然保护理事会及其法人治理模式，重构行政管理的条块格局；建立国家公园特许经营制度和相关者的利益保障机制；加大公共财政投入使自然遗产逐步回归公益等措施④。陈娜（2016）针对公园的行政管理体制进行研究⑤，唐立洲（2016）从普达措国家公园的建设者、高层管理者、决策者的角度分析国家公园建设模式、建设过程及问题⑥。张一群等（2012）从生态补偿角度进行研究，认为其在公园与社区之间的利益协调方面发挥了较大作用，赢得了社区居民对于国家公园建设的普遍支持，但生态补偿对生态建设与保护行为的激励功能还远未体现，当前的实施效果停留在表面层次，

---

①　谭红杨：《生态旅游的公益性研究》，北京林业大学 2011 年博士论文。

②　孙燕：《美国国家公园解说的兴起及启示》，载《中国园林》，2012 年第 6 期，第 110 页。

③　田世政、杨桂华：《国家公园旅游管理制度变迁实证研究——以云南香格里拉普达措国家公园为例》，载《广西民族大学学报（哲学社会科学版）》，2009 年第 4 期，第 52 页。

④　田世政、杨桂华：《中国国家公园发展的路径选择：国际经验与案例研究》，载《中国软科学》，2011 年第 12 期，第 6 页。

⑤　陈娜：《国家公园行政管理体制研究》，云南大学 2016 年硕士论文。

⑥　唐立洲：《普达措国家公园管理模式研究》，云南大学 2016 年硕士论文。

未涉及生态补偿之内核[①]，刘静佳（2018）提出社区参与的多中心治理[②]，并对功能体系构建提出设想（2016），李秋艳（2009）提出了在公园发展旅游循环经济的保障体系[③]。

西南林业大学的研究团队主要对普达措国家公园的生态旅游参与和解说系统进行了研究；罗佳颖等（2010）对公园一期开发范围内的洛茸社区参与生态旅游的状况进行了调研[④]；王哲（2010）认为社区进行能力建设是普达措国家公园洛茸社区能够真正参与到旅游当中的必经之路[⑤]；杨建美等（2011）对洛茸社区的生物资源管理和利用机制进行了解构[⑥]；胡晓等（2012）运用旅游增权理论架构探讨社区能力建设的途径[⑦]；邓超颖（2012）研究了生态旅游可持续发展动力系统[⑧]；唐彩玲等（2007）对公园建立之初的旅游解说系统的组成部分和构建方案进行了研究[⑨]；万亚军（2008）认为在公园中通过志愿者行动能更有效、更广泛地传播环保理念和环境知识[⑩]；郭海健（2016）研究了解说系统对游客环境行为意向的影响[⑪]。

此外，针对国家公园的评价体系，唐芳林（2011）将普达措国家公园范围内的碧塔海自然保护区和昆明轿子山自然保护区的自然条件和建设效果

[①] 张一群、孙俊明、唐跃军、杨桂华：《普达措国家公园社区生态补偿调查研究》，载《林业经济问题》，2012 年第 4 期，第 301 页。

[②] 刘静佳：《论民族地区乡村参与旅游发展的路径选择》，载《云南民族大学学报（哲学社会科学版）》，2018 年第 4 期，第 75 页。

[③] 李秋艳：《香格里拉普达措国家公园发展旅游循环经济的保障体系研究》，云南师范大学 2009 年硕士论文。

[④] 罗佳颖、薛熙明：《香格里拉普达措国家公园洛茸社区参与旅游发展状况调查》，载《西南林学院学报》，2010 年第 2 期，第 71 页。

[⑤] 王哲：《云南藏族社区参与生态旅游能力建设途径研究》，西南林业大学 2010 年硕士论文。

[⑥] 杨建美、薛熙明、王浩：《旅游影响下的社区生物资源利用方式演变研究——以香格里拉县洛茸村为例》，载《楚雄师范学院学报》，2011 年第 6 期，第 58 页。

[⑦] 胡晓、王哲：《落茸藏族社区参与旅游能力建设途径研究》，载《学术探索》，2012 年第 9 期，第 90 页。

[⑧] 邓超颖：《生态旅游可持续发展动力系统研究》，北京交通大学 2012 硕士论文。

[⑨] 唐彩玲、叶文：《香格里拉普达措国家公园旅游解说系统构建探讨》，载《桂林旅游高等专科学校学报》，2007 年第 6 期，第 828 页。

[⑩] 万亚军：《服务普达措，铸就志愿者的坚毅品性——记普达措国家公园 2008 期志愿者行动》，载《环境教育》，2009 年第 1 期，第 30 页。

[⑪] 郭海健：《解说系统对游客环境行为意向影响研究》，西南林业大学 2016 年硕士论文。

进行对比分析，认为国家公园是对自然保护区的一种有益补充[①]。华朝朗等（2013）采用问卷调查、现地调查、会议评估和专家评估相结合的方法，对云南省建立的普达措、丽江老君山、西双版纳、梅里雪山和普洱 5 个试点建设的国家公园进行评估[②]。马国强等（2011）建立了生态旅游野生动植物资源评价指标体系[③]。其他相关研究还包括关于法律体系的研究（张一芙等，2009[④]；王建刚，2010[⑤]；杨士龙，2010[⑥]）、对公园旅游产业生态化发展的可行性分析（袁花，2012）[⑦]、社区参与（周正明，2013）[⑧]。

1.2.3.2 综述小结

通过综述，可以看出对普达措国家公园的研究主要有：一是针对制度构建方面的，包括管理制度和法律制度的研究；二是围绕公园内开展的生态旅游，主要从生态旅游的社区参与和解说教育系统的构建两方面进行研究。相比较而言，针对普达措国家公园这一具有先行示范的公园的研究主要围绕公园管理较为成功的领域如游憩活动的开展、生态保护和社区发展这三大功能进行，而对公园的环境教育和科研功能的研究相对较少，针对公园内环境教育的研究也多从促进公园的游憩活动的开展进行，而更为深层次的环境教育的研究鲜有涉及，因此，很长一段时间以来，人们更多地聚焦于普

---

① 唐芳林：《国家公园试点效果对比分析——以普达措和轿子山为例》，载《西南林业大学学报》，2011 年第 1 期，第 39 页。

② 华朝朗、郑进烜、杨东、杨芳、司志超、陶晶：《云南省国家公园试点建设与管理评估》，载《林业建设》，2013 年第 4 期，第 46 页。

③ 马国强、周杰珑、丁东、周泳欣、缪志缙、和正军：《国家公园生态旅游野生动植物资源评价指标体系初步研究》，载《林业调查规划》，2011 年第 4 期，第 109 页。

④ 张一芙、郑晓琴：《将民族习惯法融入云南省国家公园保护立法中的必要性与可行性探析》，载《法制与社会》，2009 年第 25 期，第 357 页。

⑤ 王建刚：《论我国国家公园的法律适用》，参见：国家林业局政策法规司、中国法学会环境资源法学研究会、东北林业大学：《生态文明与林业法治——2010 全国环境资源法学研讨会（年会）论文集（上册）》，2010 年版。

⑥ 杨士龙：《云南国家公园建设中的法律难题》，参见：国家林业局政策法规司、中国法学会环境资源法学研究会、东北林业大学：《生态文明与林业法治——2010 全国环境资源法学研讨会（年会）论文集（上册）》，2010 年版。

⑦ 袁花：《普达措国家公园旅游产业生态化发展的可行性分析研究》，载《山西师范大学学报（自然科学版）》，2012 年第 1 期，第 121 页。

⑧ 周正明：《普达措国家公园社区参与问题研究》，载《经济研究导刊》，2013 年第 15 期，第 205 页。

达措国家公园游憩活动的开展，难免外界对公园旅游重于生态保护的批判之声[①]。

1.2.4 动力机制研究综述

1.2.4.1 国外动力机制研究综述

从管理学的角度进行动力机制的研究往往被赋予了强烈的实践特征，因此现有研究多与行业或具体问题的探讨有关联，通过探讨寻求管理机制的突破。Gregory M. Parkhurst（2003）结合物种保护的实践目标，提出从津贴补偿机制着手，加强政策机制来实现管理目标[②]。Yujing Shen（2003）针对美国缅因州的"毒瘾治疗合同系统"开展实证研究，揭示了这一政策的负作用，并提出起支配动力作用的是政策导向[③]。Yixin Dai 等（2005）建立了制度——专利分析框架，这一框架用于解决制度对大学专利生产的影响。Ashok Bhundia 等（2002）从决策动力机制入手，对英国财政以及货币政策进行了研究[④]；Michael R. Sosin（2005）从财务机制和结构维度对戒毒治疗系统进行了研究[⑤]。

关于动力机制的构建，A. D. Hall 从时间维、逻辑维、知识维组成的立体空间结构形成了三维结构方法论，P. Checkland（1990）主张采用软系统方法，运用这一方法得到的模型突破了数学模型的限制，其逻辑步骤为：首先对问题现状进行说明，其次分析明确问题的关联因素，再次进行概念模型，然后将模型与现状比较，最后确定满意解并付诸实施（李国纲，1993）[⑥]。

---

① 苏杨：《十说国家公园体制元年》，载《中国发展观察》，2016 年第 1 期，第 50 页。

② Gregory M. Parkhurst..*Ecnomic incentives for Endengered Species Protection*［D］.University of Wyoming，2003.

③ Shen Y．"Selection Incentives in a Performance-Based Contracting System"．In *Health Services Research*，2010，38（2）．p.535-552.

④ Bhundia A，O'Donnell G．"UK Policy Coordination：The Importance of Institutional Design"．In *Fiscal Studies,* 2010，23（1）．p.135-164.

⑤ Sosin M R．"The Administrative Control System of Substance Abuse Managed Care"．In *Health Services Research*，2010，40（1）．p.157-176.

⑥ 李国纲、李宝山：《管理系统工程》，中国人民出版社 1993 年版，第 17 页。

1.2.4.2 国内动力机制研究综述

国内学者在管理系统动力机制方面进行了有益的探索。孙绍荣等（1995）提出了需求机制原理，将管理机制的设计分为四个步骤："倾向分析—回报分析—状态分析—状态与回报连接"[①]。李学栋（1999）等从概念、特征、类别和设计步骤四个维度对管理机制进行了界定[②]，田会（2004）运用力学相关原理，对企业动力系统的作用机制和力学模型进行了研究[③]。

我国著名科学家钱学森教授提出了综合集成方法论（于景元，2005）[④]，这一方法是从定性到定量的研究方法，对于复杂系统或复杂巨系统的研究具有重要的指导意义，顾基发提出了物理—事理—人理（简称 WSR）系统方法论（顾基发，1998，2000）[⑤]。

1.2.4.3 综述小结

综上所述，现有的从管理学角度研究动力机制一是强化管理心理学的研究视角，缺乏深入机制层面，二是注重探讨如何激发和强化人的工作动力，缺乏从系统的高度整体对组织中的动力机制进行深入研究，因此关于动力机制的研究难有突破。

1.2.5 综述结论

从以上相关研究的分析可知，环境教育研究已成为解决和分析生态问题的重要研究方向，但在旅游领域相对研究较少，国家公园本来是环境教育和生态旅游发展有机耦合的理想场域，但由于国家公园在中国尚属于试点阶段，关于两者结合的相关研究寥寥，侧重于可持续发展（程绍文等，2013，徐菲菲，2015）、环境意识（张海霞，2010）和环境负责任行为的培育（谭红杨，2011）、环境解说体系构建（孙燕，2012）等方面，此外，相关的博士论文主

---

① 孙绍荣、朱佳生:《管理机制设计理论》，载《系统工程理论与实践》，1995年第5期，第50页。
② 李学栋、何海燕、李习彬:《管理机制的概念及设计理论研究》，载《工业工程》，1999年第4期，第31页。
③ 参见田会:《企业动力系统理论及其应用》，经济管理出版社2004年版。
④ 于景元:《关于综合集成的研究——方法、理论、技术、工程》，载《交通运输系统工程与信息》，2005年第1期，第3页。
⑤ 顾基发、高飞:《从管理科学角度谈物理—事理—人理系统方法论》，载《系统工程理论与实践》，1998年第8期，第2页。

要见表1-1，可以看出对国家公园环境教育的研究少有涉及。

表1-1　国家公园环境教育相关博士论文一览

编号	论文题目	作者	学位授予单位	年份
1	青海湖国家地质公园及邻区景观资源、环境评价及可持续发展	陈金林	中国地质大学（北京）	2017
2	1872—1928年美国国家公园建设的历史考察	高科	东北师范大学	2017
3	环境伦理教育研究	成强	中国海洋大学	2015
4	生态伦理及生态伦理教育研究	王顺玲	北京交通大学	2013
5	中国国家公园设置及其标准研究	罗金华	福建师范大学	2013
6	生态教育思想研究	徐湘荷	山东师范大学	2012
7	旅游景区旅游解说系统评价研究	郭剑英	南京林业大学	2011
8	基于行为意向的环境解说系统使用机制研究	赵明	福建师范大学	2010
9	中国国家公园建设的理论与实践研究	唐芳林	南京林业大学	2010
10	国家公园的旅游规制研究	张海霞	华东师范大学	2010
11	国家公园运作的经济学分析	张金泉	四川大学	2006

资料来源：根据CNKI数据整理。

普达措国家公园作为试点单位，在社区发展和生态旅游开展等方面积累了一定的成功经验，面对国家公园体制试点和"建立以国家公园为主体的保护地体系"的新态势，在前期探索基础上，从生态旅游和社区发展之路如何走向综合发展路径，以及构建其环境教育及动力机制进行研究是厘清国家公园功能属性和保护与利用方式的基础，同时也是对旅游活动中生态保护相结合的创新。

1.3 研究目的和意义

1.3.1 研究目的

（1）构建国家公园环境教育动力机制的分析框架和理论体系，丰富旅游资源保护和自然保护地体系的理论视角。

（2）构建国家公园建设中的环境教育体系及相关动力机制，规制国家公园发展中的保护利用管理体系。

（3）探索通过国家公园环境教育进行游客管理和生态系统保护的模式。

（4）构建普达措国家公园环境教育动力机制和多维度的实现路径。

（5）为今后国家公园发展中生态保护和利用政策制定提供依据。

1.3.2 研究意义

本研究具有理论和现实的双重意义。

1.3.2.1 理论意义

（1）探索国家公园环境教育的理论。探索国家公园理念，对于人们正确认识人与自然及周边环境的关系，转变人与环境的关系模式具有重要意义，而国家公园这一理念，在中国的学术界还处于研究的初期阶段，国家公园内环境教育的相关研究也较为匮乏。本书从管理学的角度，对国家公园和环境教育相关基础理论问题进行研究，探索通过环境教育实现国家公园保护与利用的双重目标，以达到可持续发展的目的，是国家公园环境教育研究的理论探索。

（2）探索国家公园环境教育动力机制的构建方法。相关研究侧重对其微观的研究，缺乏运用系统观点全局观的研究视野。本研究运用理论提炼和实证验证的方法，深入案例点，通过定性和定量的研究方法，综合判断国家公园内环境教育动力机制的分析框架，对于动力机制的判定、比较和构建进行了更为科学的判断。

建立以国家公园为主体的自然保护地体系是党的十九大以来我国理顺自然保护体系的重要工作。国家公园作为世界通行的保护地类型，对于人们正确认识人与自然及周边环境的关系，转变人与环境的关系模式具有重要意义。本研究立足环境教育的实质，对国家公园实践中的现实问题进行研究，丰富了国家公园研究的视角，为国家公园体系建设和发展模式研究提供了新的方向。

1.3.2.2 现实意义

（1）解决中国国家公园环境教育中出现的两组矛盾。普达措国家公园内环境教育冷和园外环境教育热以及中美国家公园之间冷热的矛盾日益凸显。本研究运用管理学动力机制相关原理，多维度构建国家公园动力机制，将有助于解决中国国家公园环境教育中出现的两组矛盾。

（2）促进国家公园体制试点和生态文明建设。环境教育是我国国家公园五大功能之一，这一功能的发挥能体现国家公园的公益特性，也能为国家公园保护、游憩、研究和社区发展功能的发挥提供基础和条件。这一功能的良好发挥，是国家公园保护体系的一个鲜明特色，也是国家公园五大功能中一个重要的核心功能[①]。环境教育体系的有效构建和功能发挥，将有助于国家公园体制试点的顺利进行，促进生态文明的建设。

1.4 研究的可行性

1.4.1 课题和项目支撑

一是研究课题支撑：在确定研究方向之前，笔者参与了导师主持的课题"香格里拉普达措国家公园生态教育解说制度研究"和云南省人民政府政策研究室主持的国家社会科学基金重点项目"建立和完善国家公园体制研究"（项目编号：14AGL014），并主持完成了云南省教育厅科学研究基金社科类重点项目"基于地方生态文明的国家公园环境教育功能及提升路径研究"（项目编号：2015Z199）和国家旅游局旅游业青年专家培养计划项目"国家公园功能体系构建及提升路径研究"（项目编号：TYETP201557），正在主持进行云南省教育厅科学研究基金教师类项目"基于藏族生态文明的普达措国家公园环境教育内容体系特色研究"（2018JS623）；发表与本研究相关的CSSCI期刊论文2篇。

二是访问学者项目支撑：2016年6月至2017年6月获云南省教育厅地方公派留学项目资助，赴美国西华盛顿大学赫胥黎环境学院做访问学者，访

---

① 刘静佳:《基于功能体系的国家公园多维价值研究——以普达措国家公园为例》，载《学术探索》，2017年第1期，第57页。

学主题是国家公园的环境教育，围绕这一主题，进行了大量文献研读和资料收集，与美国导师 Steven J. Hollenhorst 教授进行了多次研讨，并在其帮助下，参与美国国家公园管理局的多个游客调研项目，为资料的收集和访谈的开展提供了便利条件。曾两次去黄石国家公园调研，其中最长的一次时间达到 17 天（从 2016 年 8 月 1 日至 17 日），用参与法、观察法和深度访谈法对黄石国家公园的环境教育进行了较为详尽的调研。为进一步提炼调研结论，笔者还深入北瀑布国家公园，全程参与了西华盛顿大学赫胥黎环境学院环境教育硕士的毕业答辩，并参观访问了大提顿国家公园、优胜美地国家公园、大峡谷国家公园等总计 15 个国家公园，占美国全部国家公园的 1/4，为研究的结论提供了佐证和参考。

1.4.2 实地调研工作基础

为更好地进行本研究，进行了大量实地调研和资料收集，包括国内外的相关实地调研工作。一方面，通过主持和参与本研究相关的纵向和横向课题，进行了大量文献和数据的收集、整理工作；另一方面，为构建本研究的基本思路和进行调研，分别于 2014 年 10 月 5—11 日、2015 年 9 月 21—30 日、2017 年 6 月 9—16 日、8 月 10—19 日、12 月 20—30 日以及 2018 年 1 月 30—31 日、10 月 11—13 日和 2019 年 1 月 30 日—2 月 1 日 8 次赴香格里拉普达措国家公园及周边社区进行调研，同管理机构、经营公司和社区等多方形成良好合作关系，便于研究的顺利进行；2016 年 1 月赴四川王朗自然保护区、2017 年 7 月赴西双版纳热带植物园和普洱太阳河国家公园、2018 年 5 月赴梅里雪山国家公园、2018 年 9 月赴三江源国家公园进行对比研究；2016 年 6 月至 2017 年 6 月在美国西华盛顿大学做访问学者期间，对美国国家公园体系进行充分调研，自驾两万余公里，对美国的北瀑布国家公园、优胜美地国家公园、大沼泽国家公园、基奈国家公园等 15 个国家公园进行了考察和对比研究；参加了相关科研训练和学术会议，主要是 2015 年 8 月在西双版纳热带植物园参加了为期半个月的环境教育高级研究班、2016 年 10 月在美国麦迪逊举办的北美环境教育年会（NAAEE，全球最大的环境教育年会）和 2017 年 11 月的全国第三届自然教育大会，收集了丰富的资料和数据，为论文的写作奠定了良好的工作基础。

1.4.3 案例地选点的典型性

本书选择了美国黄石国家公园和普达措国家公园作为研究案例地，极具典型性。

1.4.3.1 世界第一个国家公园——美国黄石国家公园

国家公园这一理念和体系都源自美国，国家公园成了环境教育天然的图书馆、实验室和教室。作为世界第一个国家公园，美国的黄石国家公园也被誉为"美国最大的教室"[①]，对美国的环境教育有着卓越贡献，其理论和实践探索对中国国家公园环境教育体系的构建有着极强的借鉴意义。因此，有必要对美国黄石国家公园环境教育的实践和动力机制进行梳理，才能基本了解美国国家环境教育的脉络和体系。在此基础上，通过对比中美国家公园的环境教育发展及相关动力模式，能更清晰地发现中国国家公园的环境教育道路，为中国国家公园的管理体系建设和可持续发展提供借鉴和参考。

1.4.3.2 中国大陆试运营的第一个国家公园——普达措国家公园

云南省作为我国重要的生物多样性宝库和西南生态安全屏障，在生态文明建设和"一带一路"倡议中具有窗口和示范作用，因此选择云南作为案例地具有典型和示范带动作用。普达措国家公园是我国大陆第一个试运营的国家公园，早在 2006 年，云南香格里拉普达措国家公园就宣告成立，可以说是开创了中国大陆对国家公园建设的探索，首开中国大陆国家公园建设的先河；2015 年又被列入国家公园体制试点，在国家公园保护地体系中具有引领和带头作用。选择将普达措国家公园作为具体案例地进行研究，对其环境教育实施现状及存在问题进行分析，不仅能促进其试点的顺利进行，为全国其他国家公园和保护地提供经验借鉴，更能在试点结束后形成环境教育推广模式，为我国国家公园体制的建立和保护地管理提供指导。

---

① Ronald A. Foresta, *America's National Parks and Their Keeper*.Washington，D.C，1984.p.24.

1.5 研究方案

本研究在实地调研的基础上，发现普达措国家公园环境教育出现的现实问题，并将其转换为学术问题，通过理论分析，结合美国国家公园的实地案例研究，提炼出理论框架，最后通过对比研究验证理论框架并得出相关结论。

1.5.1 研究思路

旅游资源的保护和开发的双重目标一直在一定范畴相互矛盾，其关系的平衡一直是旅游开发和管理中的热点问题。在百余年发展历程中，美国国家公园最终形成了环境教育统领公园的管理和可持续发展的模式。本研究基于环境教育相关理论，以美国黄石和中国普达措为研究对象，研究国家公园环境教育动力机制的建构问题，遵循"理论基础—案例研究—解构和建构机制—结论展望"的思路，从四个方面组织本研究。首先，对环境教育的基本内涵和演进过程进行剖析，构建国家公园环境教育动力机制的理论体系，为本研究奠定理论基础；其次，基于美国黄石国家公园环境教育实践分析和经验借鉴，解构其相关动力机制，为中国国家公园的机制建构奠定基础；再次，结合中国国家公园发展状况以及案例研究地普达措国家公园环境教育需求及可行性，挖掘其富有地域特色的藏族生态文明；最后，结合前面三部分研究结论，构建云南香格里拉普达措国家公园环境教育动力机制实现的多维路径，为其环境教育动力机制的构建和完善提供科学的思路和借鉴。

1.5.2 研究方法

主要涉及旅游管理及环境教育两大主要学科，并结合生态学、环境社会学、民族学、历史学等学科进行交叉研究，在理论分析基础上，结合实地调研收集到的具体案例进行对比研究。本研究涉及的方法主要有以下几种。

文献研究法。在选题阶段，主要通过收集和梳理国内外文献，发现研究的空白点，并通过研读和整理确定研究的基本思路和主要内容。

演绎归纳法。在理论分析阶段，通过对已有研究成果进行分析，在其基础上通过归纳演绎等方法，构建符合本研究的理论和模型框架，作为后续研究的基础。

模型构建法。基于相关理论和实践构建国家公园环境教育动力机制分析模型，并提供分析环境教育的总体思路。

案例研究法。国际上，选取美国黄石国家公园作为案例地，以小见大，解构其环境教育的实践模式和相关动力机制；国内选取最早开始国家公园实践探索的案例地——普达措国家公园，进行环境教育实践和对比研究，提出其模型的修正机制，构建其环境教育动力机制的多维路径。

田野调查法：深入选取的两大案例地，进行直观长期的观察，收集一手的原始资料。为完成田野调查，申请了公派访问学者项目，于 2016 年 6 月至 2017 年 6 月赴美国做访问学者，走访了美国黄石国家公园、大提顿国家公园、基奈国家公园、迪纳利国家公园、大沼泽国家公园、北瀑布国家公园、火山口湖国家公园、拉森火山国家公园、优胜美地国家公园、拱门国家公园等 15 个国家公园；参加了北美环境教育年会，在黄石国家公园和北瀑布国家公园驻点进行了重点调研，访谈了包含国家公园管理者、经营者、研究人员和教育人员以及参观访问的美国国内和国际游客。多次在普达措国家公园进行田野调查，访谈了公园的管理者、经验者和游客，并对长年研究公园的专家、民间组织和社会企业进行了重点访谈。

定性与定量相结合的方法。调研数据的分析采取了定性与定量结合的方法，全部数据来自一手材料，在美国的调研材料，采用主题框架分析法进行分析，在中国的调研材料，除了运用定性分析法以外，还运用 SPSS 和 AMOS 软件进行定量分析。

1.5.3 技术路线

本研究技术路线如图 1–2 所示。

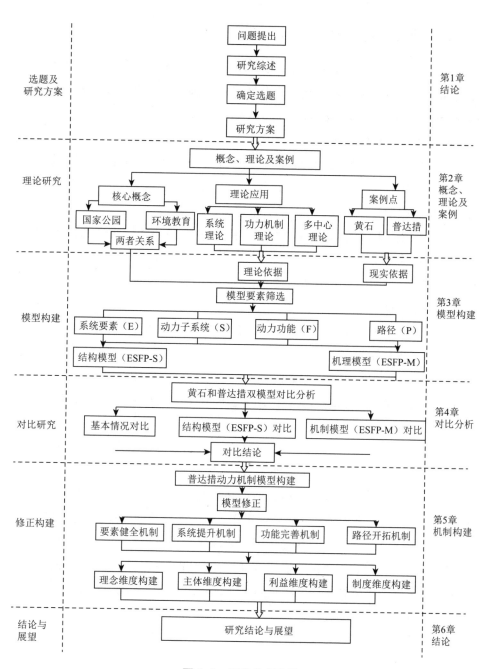

图 1-2 研究技术路线

1.5.4 研究的主要内容

本研究的主要内容包括理论研究和实证研究两个方面，理论上构建了国家公园环境教育动力机制的模型，并通过对美国黄石国家公园和中国普达措国家公园的研究实证了理论模型。

1.5.4.1 理论研究方面

（1）研究国家公园环境教育的概念。通过研究环境教育的历史演进、主体、受众、媒介等，探讨环境教育概念的内涵和外延，并对国家公园与环境教育、生态旅游与环境教育之间的关系进行了梳理。

（2）构建了国家公园环境教育动力机制的 ESFP 模型。以系统理论和动力机制理论为基础，提出国家公园环境教育动力机制的结构模型和机制模型，用于对美国和中国国家公园环境教育动力机制的研究。

1.5.4.2 实证研究方面

（1）运用国家公园环境教育动力机制 ESFP 模型框架，解构了美国黄石国家公园环境教育的动力机制。

（2）运用 ESFP 动力机制模型，对黄石和普达措国家公园环境教育的动力机制进行对比研究，总结出普达措国家公园环境教育动力机制中存在的缺陷和不足。

（3）研究普达措国家公园环境教育动力机制的构建路径。针对普达措国家公园环境教育动力机制中存在的要素、动力子系统、功能和路径的缺失问题，本研究提出了从理念、主体、利益和制度维度的多维构建策略，来实现普达措国家公园动力机制的良好协调运作，从而实现公园的环境教育功能。

在实证研究的基础上，通过长期深入调研，将世界和中国大陆第一个国家公园进行对比研究，可能突破既有研究中纯借鉴的思维定式；此外，通过对黄石国家公园环境教育动力机制的实证研究，提炼出其动力机制理论模型，将是理论研究的可能突破点。

第 2 章　概念、理论及案例

本章是对国家公园环境教育动力机制研究涉及的核心概念、相关理论以及案例进行的分析和梳理。首先对国家公园和环境教育两个核心概念进行界定。国家公园这一舶来保护体系是本研究需要明确的组织体系和场域，对其内涵进行界定，并厘清国家公园与国家公园体系的差别是研究的逻辑起点，环境教育的国际与国内演进进程的不同也对其内涵界定有着影响，这两个核心概念在发展中最终走向了一致。其次引入系统理论、动力机制理论和多中心理论，为进一步建构理论分析框架提供了支撑。最后对黄石和普达措国家公园成立或发展概况的分析以及环境教育历史与现状的剖析为后续深入研究提供了切入视角。

2.1 核心概念

2.1.1 国家公园

2.1.1.1 概念界定

美国艺术家乔治·卡特林（George Catlin）在 1832 年的艺术之旅旅程中，面对大自然的美景，情不自禁地写道："这一地方以及西部其他一些地方应当被设立成'国家的公园'，其中有人和动物，保留着自然的美和原生状态"[①]，这是"国家公园"作为独立词语第一次见诸历史，正如约翰·缪尔（John

---

[①]　Dyan Zaslowsky，T H Watkins.*These American lands*.Washington，D.C：Island Press，1994.p.14.

Muir）所说："每个人都需要美，也需要面包、玩耍和祈祷的地方，在那里，大自然可以治愈，给身体和灵魂以力量。"这一概念将国家公园描绘成了人与自然和谐共生的理想境地。

世界自然保护联盟（IUCN）1994年出版的《保护区管理类别指南》一书中将国家公园列为六大保护区类别的第二类，并在2013年修订过的指南中进一步把国家公园表述为"国家公园这种保护区是指大面积的自然或接近自然的区域，是为保护大面积的生态系统以及这一区域内物种的完整性和生态系统特点而设置的，也为公众提供了理解环境和文化兼容型社区、科学研究、教育、娱乐和参观的机会[①]"。各国普遍接受这一定义，并在其基础上结合本国特色[②]，对其定义如下（见表2-1）。

表2-1　国家公园定义一览

国家/地区	定义
美国	国家公园是保存风景、自然、历史遗迹和野生生命并且将它们以一种能不受损害地传给后代的方式提供给人们来欣赏
加拿大	以"典型自然景观区域"为主体，是加拿大人民世代获得享用、接受教育、进行娱乐和欣赏的区域
澳大利亚	国家公园通常是指被保护起来的大面积陆地区域，这些区域的景观尚未被破坏，且拥有数量可观、多样化的本土物种[③]
英国	英国的国家公园家族共有15名成员，这些国家公园均为有着优美的自然景观、丰富野生动植物资源和厚重历史文化的保护区
日本	国立公园，风景优美的地方和重要的生态系统，值得作为日本国家级风景名胜区和优秀的生态系统
韩国	代表韩国的自然生态系统、自然以及文化景观的地区，为了保护和保存以及实现可持续发展，由韩国政府特别指定并加以管理的地区

---

① Dudley N. *Guidelines for Applying IUCN Protected Area Categories*.Gland，Switzerland：IUCN，2013.

② 唐芳林：《国家公园定义探讨》，载《林业建设》，2015年第5期，第19页。

③ 唐芳林：《国家公园属性分析和建立国家公园体制的路径初探》，载《林业建设》，2014年第3期，第1页。

国家/地区	定义
中国大陆	国家公园是指由国家批准设立并主导管理，边界清晰，以保护具有国家代表性的大面积自然生态系统为主要目的，实现自然资源科学保护和合理利用的特定陆地或海洋区域[①] 国家公园是指经批准设立的，以保护具有国家或者国际重要意义的自然资源和人文资源为目的，兼有科学研究、科普教育、游憩展示和社区发展等功能的保护区域[②]
中国台湾地区	规定国家公园是特有的自然风景、野生物及史迹，并供人们娱乐、教育及研究的区域

可以看出，普遍都将国家公园界定为重要的保护地类型，这一类型的保护地同强调严格保护的自然保护区和满足游憩需求的旅游景区有明显区别（唐芳林，2010）[③]，主要是强调对生态系统保护的目标，其次再考虑公众的游憩、科研和教育的需求，通过保护实现可持续发展。从 1872 年至今经过百余年的发展，这一保护地模式被证明能有效实现保护与利用的双重目标，也是一种卓有成效的管理模式，这一模式强调当代人的合理保护和利用，也保障了后代人对这一场域的可持续利用权利，具有生态正义和全民共享的意义体现。

2.1.1.2 美国的国家公园

Henry David Thoreau1851 年在康科德报告厅演讲的时候提出"使人类恢复活力的补品和草药来自森林和荒野"[④]，掀起了人们对于荒野和荒野思想的追寻，其在代表作《瓦尔登湖》中描述了对荒野追求的实践和思考，引导人们透过自然或在自然之外来观察自然，并赋予荒野以魅力，而非令人排斥的品质[⑤]。这一时期美国人的生活节奏也开始快起来，技术和文明的进步使得人们陷入对其的反思，追逐技术和进步在某种程度上使得人们的生活陷入混乱，人们开始对荒野进行追逐，然而其根源却是源于荒野的逐渐消失，人们意识

---

① 参见：建立国家公园体制总体方案［EB/OL］.［2017-09-26］.http：//www.gov.cn/zhengce/ 2017-09/26/.

② 参见：《云南省国家公园管理条例》，载《云南日报》，2015 年 12 月 4 日。

③ 唐芳林：《国家公园建设的理论与实践研究》，南京林业大学 2010 年博士论文，第 19~22 页。

④ Thorea, *"Walking"in Excursions, The Writings of Henry David Thoreau, Revised edition*（*11 vols*）. Boston，1893.p.9.

⑤ ［美］罗德里克·弗雷泽·纳什著，侯文蕙、侯钧译：《荒野与美国思想》，中国环境科学出版社 2014 年版，第 86 页。

到荒野需要得到保留[①]。

乔治·卡特林（George Catlin）是从惋惜走向保留观念的第一人，其从1829 年开始进行在美国西部的系列徒步旅行，并在旅途中不断反思"当我们离原始的野性和美丽越远，有知识的人的头脑在重返这种情景时所感到的快乐就越多"，因此，他史无前例地提出由"国家"设立"一个壮丽的公园"，从而可以免于荒野向文明的让渡。荒野和文明在景观主义者眼中的对立被统一了起来，荒野的价值和意义得到了承认，而归根结底来讲，保护荒野的最终意义即是保护文明。文明是有价值和意义的，而荒野也在这一时代被赋予了吸引力，并付诸实践。1864 年美国联邦政府将位于加州的优胜美地山谷作为一个"公共使用、度假和休闲"的公园，授予加州，因此这块 10 平方英里的被保留的区域开创了为景观和休闲价值而保留公共领地的先河。8 年之后，世界上首个大规模的为公共利益而进行荒野保护的公共地域——黄石国家公园出现了。公园的成立使人们意识到需要有意识地保留荒野，保留在其中的生物和生态系统的自然状态；到 1890 年优胜美地国家公园成立的时候，山谷也成了优胜美地国家公园的一部分，1906 年加州将优胜美地山谷退还给联邦政府。

1872 年黄石国家公园的建立拉开了世界国家公园体系舞台的幕布，从1872 年至 1916 年这 40 余年中，美国一共建立了 8 个国家公园。此后，经过 100 余年的发展，一共建立了 59 个国家公园，其中弗兰格尔—圣伊莱亚斯国家公园面积达 3.24 万平方公里，是最大的国家公园；温泉国家公园是面积最小的，约 24 平方公里[②]，2013 年设立的尖顶国家公园是美国最年轻的国家公园。从地理分布来看，西部地区的国家公园多于东部地区。世界上 100 多个国家也纷纷设立国家公园，形成了以国家公园为主的保护地体系（Runte，2010）[③]。"国家公园"这一理念经过近 200 年的发展，也基本成熟。

美国的国家公园统一由内政部下属的国家公园管理局进行管理，这一专职机构的管理唯一性的确立是在 1933 年，联邦政府通过机构重组确立了国家

---

① Eagles P F J，McCool S. *Tourism in National Parks and ProtectedAreas: Planning and Management*. Wallingford：CABI，2002.

② Barna D，Green M.*The National Parks: Index 2005—2007*［R］.Office of Public Affairs and Harpers Ferry Center，National Park Service，2008.p.4–19.

③ Runte A. *National Parks: The American Experience. 4th ed*.Taylor Trade Publishing，2010.p.16.

公园管理局的权威管理地位 [①]，其发展历程见表 2-2。

表 2-2　美国国家公园发展历程

阶段名称	时间	历史意义
公园体系初创期	1872—1916 年	确立了国家公园的国家地位，确立了国家公园管理局为唯一管理机构
管理机构重组期	1917—1933 年	国家公园的范围扩大及国家公园管理局的功能强化
大众利用普及期	1934—1966 年	改善了国家公园的基础条件和形象，推动了国家公园的全民认知度
生态反思与立法保护强化阶段	1967—1985 年	《荒野法》等系列法案的颁布加强了法律保障
科学管理和前瞻示范阶段	1986 年至今	国家公园体系日趋成熟与完善，并开始与私人机构合作，开发教育功能

资料来源：根据王连勇期刊论文《创建统一的中华国家公园体系——美国历史经验的启示》整理，2014 年 [②]。

2.1.1.3 美国的国家公园体系

尽管美国早在 1872 年就建立了第一个国家公园，但是其国家公园体系的建立要从 1916 年《国家公园组织法案》的颁布算起，通过这一立法设置了国家公园管理局（National Park Service，NPS），作为国家公园体系的专职管理机构，直接隶属于内政部（王连勇，2014）[③]。这一法案的颁布标志着国家公园管理体系的建立，国家公园体系被认为是"美国对世界文化的巨大贡献" [④]。1933 年 10 月，时任美国总统富兰克林·罗斯福签署 6166 号行政命令，将所有国家级别的自然和历史保护地纳入国家公园体系，包括公园和纪念碑、军事公园、公墓和家纪念馆等，并将此前由农业、内政和战争 3 个部门分别管理的国家历史遗迹交给国家公园管理局统一管理。自此，国家公园管理局成了美国独立而又统一的资源管理机构，并且管理权限得到了扩大。

[①] Albright H M.*The Birth of the National Park Service: The Founding Years, 1913-33*.Salt Lake City：Howe Brothers，1985.

[②] 王连勇、霍伦贺斯特·斯蒂芬：《创建统一的中华国家公园体系——美国历史经验的启示》，载《地理研究》，2014 年第 12 期，第 2407 页。

[③] 同②。

[④] Dyan Zaslowsky，T H Watkins.*These American lands*.Washington，D.C：Island Press，1994.p.11.

美国的国家公园体系由 NPS 管理，直接隶属于内务部，国家公园管理局最新发布的《管理政策》（2006 年版）中将"国家公园体系"定义为"以公园、保护区、历史、公园大道、游憩或其他目的，目前和今后经由内政部指导，由国家公园管理局管理的陆地与水域范围的总和"[①]，其下辖有 401 个不同称号的国家单位，总面积 341662.78 平方公里，占国土面积 3.5%，详细分类见表 2-3。

表 2-3　美国国家体系保护单位分类概况

类别	详细分类	数量	数量占比（%）	面积（km²）	面积占比（%）
国家公园类	国家公园 59	59	14.7%	211065.92	61.78
国家保护区类	国家保护区 78	78	19.5%	8104.33	2.37
国家历史公园类	国家历史公园 46	46	11.5%	754.15	0.22
国家战事公园类	国家战场 11 战场公园 4 战场遗迹 1 军事公园 9	25	6.2%	288.18	0.08
国家纪念地类	国家纪念地 29	29	7.2%	43.44	0.01
国家历史遗迹类	国家历史遗迹 78 国际历史遗迹 1	79	19.7%	139.05	0.04
国家游憩区与公园大道类	国家游憩区 18 公园大道 4	22	5.5%	15706.03	4.60
国家滨水公园类	国家湖岸 4 国家河流 5 荒野与风景河流（河道）10 海岸 10	29	7.2%	6385.75	1.87
国家保留区类	国家保留区 18	18	4.5%	97888.51	28.65
其他公园类	国家保留地 2 风景步道 3 其他公园单位 11	16	4.0%	1287.42	0.38
合计		401	100.0%	341662.78	100.00%

资料来源：根据王连勇期刊论文《创建统一的中华国家公园体系——美国历史经验的启示》整理，2014 年[②]。

---

①　National Park Service. *Management Policies 2006*［S］. Washington, D. C.: Department of the Interior, National Park Service, 2006.

②　王连勇、霍伦贺斯特·斯蒂芬：《创建统一的中华国家公园体系——美国历史经验的启示》，载《地理研究》，2014 年第 12 期，第 2407 页。

从表 2-3 可以看出，国家公园在美国的国家公园体系中数量占比仅为 14.7%，并不是最多的，但面积占比最大，达到了 61.8%，当之无愧的是美国保护体系的领军类型。此外，美国国家公园体系中被冠以"国家公园"的单位总共只有 59 个，平均到美国 50 个州，也就仅仅是每个州 1~2 个而已，足见能被列入国家公园的单位需要符合国家公园的指标，体现其国家代表地位。

目前，国家公园管理局在美国全国设有 7 个地区办公室，按区域进行管理，管理具体事务的基层管理局设置于每个公园内，从而形成垂直管理体系。公园园长（Superintendent）直接负责对本公园进行管理，见表 2-4。

表 2-4 美国国家公园管理局的管理体系

总局	地方办公室	基层管理局
国家公园管理局	阿拉斯加地区	阿拉斯加
	中部地区	亚利桑那、科罗拉多、蒙大拿、新墨西哥、俄克拉玛、犹他、怀俄明
	中西部地区	阿肯色、伊利诺伊、印第安纳、爱荷华、堪萨斯、密歇根、明尼苏达、密苏里、内布拉斯加、北达科他、俄亥俄、南达科他、威斯康星
	国家首都区	哥伦比亚、弗吉尼亚、西弗吉尼亚、马里兰
	东北地区	康涅狄克、马萨诸塞、新汉普郡、新泽西、缅因、纽约、罗德岛、佛蒙特
	太平洋及西部地区	加利福尼亚、夏威夷、内华达、爱荷达、俄勒冈、华盛顿
	东南部地区	阿拉巴马、佐治亚、肯塔基、路易斯安那、佛罗里达、密西西比、北卡罗来纳、南卡罗来纳、波多黎各、维京群岛

资料来源：根据朱华晟期刊论文《美国国家公园的管理体制》整理，2013 年[1]。

国家公园管理机构主要致力于对资源进行保护和管理，其运行资金的来源是联邦政府的财政，管理活动的资金主要来源于国会拨款、门票收入和商业收入三部分，其中，国会拨款占了总运营资金的 90%，主要用于国家公园

---

① 朱华晟、陈婉婧、任灵芝：《美国国家公园的管理体制》，载《城市问题》，2013 年第 5 期，第 90 页。

的保护和管理工作的开展[①]；由于国家公园的低门票制甚至免票制度，如最著名的黄石国家公园对小型家用轿车征收 50 美元的门票，且凭票可以自由进出公园 7 天，位于美国西北部的北瀑布国家公园（North Cascade National Park）针对所有游客实行免票制度，因此门票收入在国家公园中的预算占比相当低；商业收入主要指国家公园管理局在公园内开展的商业性活动及特许经营活动获得的收入。

2.1.2 环境教育

对环境教育的演进历史和内涵发展进行梳理，并进行反思，是研究国家公园环境教育的基础和起点。

2.1.2.1 环境教育的演进

由于环境教育这一理念自身的复杂演进以及概念本身的复杂性，对于环境教育的内涵和本质认识很容易模糊不清。对环境教育的演进过程及基本内涵进行梳理，对于普达措国家公园环境教育动力机制的构建和完善及实践探索活动的开展具有基础性的重要意义。

（1）国际环境教育的演进。环境教育是一个动态发展的概念，最初源自教育领域。随着人们对环境的关注和对可持续发展的追求，环境教育的内涵开始不断丰富，逐渐从一种别于传统学科教育的教育理念，演变为一种促进环境保护的机制，从最初解放人性、让人回归自然的教育概念扩展为一个全新的环境社会学、生态经济学概念。

国际环境教育的演进是在人们不断探索人与自然之间的关系的过程中形成的。在这一过程中，随着环境问题的出现和环保运动的产生，人们不断审视人与自然之间的关系，并重新定位，将国际环境教育内涵的演进划分为四个时期，即早期萌芽时期（20 世纪 30 年代以前）、保育教育时期（20 世纪 30 年代至 1968 年）、现代环境教育形成期（1969 年至 1989 年）和面向未来的环境教育时期（20 世纪 90 年代至今），如图 2-1 所示。

---

① 参见张一群：《云南保护地旅游生态补偿研究》，云南大学 2015 年博士论文。

图 2-1 国际环境教育历史演进历程

①早期萌芽时期（20 世纪 30 年代以前）。早期萌芽时期主要表现为自然教育、经验教育和户外教育。最早可以追溯到卢梭（1712—1778 年）的自然教育思想，代表作《爱弥尔：论教育》以小说的形式隐喻了其自然教育哲学思想。在书中，他提到，人所获得的教育分为三类：或是受之于自然，或是受之于人，或是受之于事物①。教育要包含对环境的关注，教师需要为学生提供学习的机会，并在书中讨论了人类发展的阶段以及不同阶段对教学和教育的意义。卢梭认为，人类天性中的趋自然性，决定了在教育中要遵从这种天性，从而培养出与自然融为一体，最终获得"良知的自由"的人②，这一理念为环境教育的趋自然性奠定了理论基础。

随着自然科学的发展，人们对其的崇拜也日益升级，开始意识到在基础教育阶段为自然科学的学习进行铺垫的重要性。出生于瑞士，1847 年移民美国的科学家和生物学家 Louis Agassiz（1807—1873 年）提出让学生直接从自然中学习的教育思想。Wilbur Jackman（1855—1907 年）带领学生开展"自然研究"活动，运用经典方法探索环境，并在 1891 年春天出版了其代表作《普通学校的自然学习》（*Nature Study for the Common School*），指出"自然环境是一个不可分割的整体"，掀起了自然学习的潮流。1905 年利波提·海德·贝礼（Liberty Hyde Bailey，1858—1954 年）作为自然学习的强烈支持者，认为"环境教育"这一词汇是"不精确的，理论的，夸张的，总是需要解释的"。安娜（Anna）在 1911 年出版了《自然研究手册》（*Handbook of Nature Study*），强调

---

① 潘希武：《高贵的爱弥尔：卢梭的教育样板》，载《教育学报》，2012 年第 2 期，第 41 页。

② 渠敬东：《卢梭对现代教育传统的奠基》，载《北京大学教育评论》，2009 年第 3 期，第 3 页。

通过增加趣味性帮助孩子们理解周边事物①。可见，自然研究与环境教育有较大区别，两者的目的和宗旨不尽相同，自然研究并没有培养环境保护意识的宗旨，但两者的实现路径却又相似，都需要在自然中用眼睛和心智去观察世界，从而理解自然世界中普通的东西，在这一过程中，或多或少会产生环境保护的萌芽。1908 年美国自然学习协会（American Nature Study Society）成立，利波提·海德·贝礼担任首任主席。1920 年生态学开始发展成一个科学领域，从此，人们开始对自然世界进行全面了解和综合研究。

经验教育的核心是"从做中学"，也就是我们今天常说的"从实践中来，到实践中去"，这一教育思想源远流长，杜威（John Deway，1859—1952 年）是其集大成者，"做中学"对知识的系统性难以保证，科伯（D. Kolb，1939 年—）进一步把它抽象和系统化，将其命名为经验学习。经验教育和环境教育既相互交叉，又各自独立。两者都需要在实践中进行学习，通过"做"完成学习过程，但经验教育不一定涉及环境教育的目的；环境教育可以来自"做"，也可以来自理论的学习。

户外教育主要源自通过室外的学习促进室内教育目标达成的理念，这一理念在 19 世纪早期就被一些教育者所认知。"户外教育之父"夏普（Sharp Lloyd，1895—1963 年）就是在经验教育影响下，开创了相关项目，强调对户外场所的利用，对 20 世纪 40 年代户外教育项目的发展起到了助推作用。Julian Smith（1901—1975 年）将其进一步提升，直接促成了一次全国性的户外活动调查，通过调查揭示了美国的年青一代对户外活动涉及的知识、技能和态度的缺乏，报告一经发表，引起巨大反响，美国健康、体育与娱乐协会创立，无论是政府层面还是机构层面都开始支持户外教育。从 20 世纪 40 年代至 50 年代，美国开始建立营地和培训相关师资；1965 年颁布的教育法案保证了固定资金支持，同一时期的户外教育项目开始尝试与环境教育结合，强调对环境的关怀，培养对环境负责任的行动。

可以看出，在早期萌芽时期，从自然教育中萌生的教育与自然相结合的思想以及经验教育中的"做中学"思想以及户外教育实践的开展对后来环境

① Anna Botsford Comstock. *Handbook of Nature Study*.Comstock Publishing Co.1991.p.9.

教育思想的形成产生了重要的影响，但在这一时期，环境教育这一提法并没有获得公认，人们更认同自然教育这一提法。但这一阶段很重要的是强调教育和自然的互相融合，就使得环境教育既具有传统教育的特点，又需要突破传统教育的局限性，创设身临其境甚至是天然的大教室。因此很多相关活动和实践都依赖于自然的场域进行。

②保育教育时代（20 世纪 30 年代至 1968 年）。这一时期强调对土地和自然资源的保护教育，其思想渊源于托马斯·杰斐逊（Thomas Jefferson，1743—1826 年），他认为需要通过学校教育中自然学科的设立帮助保护和管理资源。美国外交官乔治·马什（George Perkins Marsh，1801—1882 年）特别强调保护的意识，其在 1864 年出版的著作《人类与自然》中预见到了 20 世纪的生态观念[①]，在书中明确指出，人对地球的管理不是一个单纯的经济问题，而是一个伦理或道德问题，这被看作资源保护教育的先声。亨利·梭罗（Henry Thoreau，1817—1862 年）在《越橘果》中，建议每个村庄都保留一片原始森林，这挑战了当时占统治地位的实用和功利主义。

到了 20 世纪 30 年代，美国中心地带掀起了保育教育运动的高潮，这一运动获得了联邦政府和州政府的自然资源组织以及很多非政府组织的支持。与此同时，由杜威引导的实用主义教育运动倡导以学生为中心，其中包含今天环境教育采用的很多理念，如在做中学、终身学习、综合和跨学科学习等。1935 年，国家教育协会（National Education Association）确认了保育教育在学校中的领导作用，威斯康星州第一个制定州立法规，要求教师在任职前需要"对自然资源的保育做好充分准备"。1946 年，威斯康星大学斯蒂芬斯角分校设立了保育教育学位，奠定了环境教育的学科基础。1948 年，威尔士自然保护协会的 Thomas Pritchard 主席在巴黎举行的国际自然保护联盟会议上使用了"环境教育"这一术语，提出需要通过环境教育，将自然与社会科学加以综合（王燕津，2003）[②]，这是这一专业术语第一次在正式场合使用，也提出了环境教育是自然与社会科学结合的这一理念。后来人们也逐渐认识到解

---

①　George Perkins Marsh. *Man and Nature; or Physical Geography as Modified by Human Action*. New York：Charles Scribner&CO，1867.p.36.

②　王燕津:《"环境教育"概念演进的探寻与透析》，载《比较教育研究》，2003年第1期，第18页。

决环境问题仅靠技术手段是治标不治本，还需要提高人们的环境意识，促使人们采取亲环境行为或环境友好行为。世界上第一次将"环境教育"这一词语作为专有名词使用开始于 1957 年，美国的布伦南（Bernenn）在文章中首次运用了这一词汇①。但在这一时期，环境教育同保育教育之间界限尚不明朗，人们往往将两者视为同义词，保育教育的产生是因为工业化引起环境问题，是在提醒大众关注环境问题的历史境遇下产生的，通过提醒人们注意到问题的存在从而采取保护自然资源的行动，两者共同的本源在于"反对学院式的学科教育"（Nash，1976），直到下一个时期的到来，环境教育才真正确定了自己的地位。

与此同时，各种相关协会纷纷成立，如 1953 年保育教育协会（Conservation Education Association）成立，以支持教育者们对保育教育的工作；1954 年解说自然学家协会（The Association of Interpretative Naturalists）成立，后来发展成为国家解说协会（The National Association for Interpretation），各种相关协会的成立也推动了环境教育的发展。

总的来说，前两个时期只能被认为是环境教育的始基阶段，所产生的相关思想强调对户外或自然的利用，但环保意识和环保行为的培育只是其理念的附属产品，且仍然停留在对于情感或信念的基础诉求上，没有上升到价值观和动机层面，所以这两个时期都只能被认为是环境教育的始基阶段。

但欣喜的是，这些思想直到今天仍然保持强劲的发展趋势，并没有湮没于环境教育思想，在美国，相关协会、网站和组织蓬勃发展，并将其传播到了其他国家和地区，各种自然教育机构、自然学校、工作坊在中国大地也纷纷涌现，尽管其名称多样，但都是倡导在自然的环境中，通过亲身体验和摸索，学习各种科学知识或技能技巧。

③现代环境教育形成期（1969 年至 1989 年）。1962 年蕾切尔·卡逊《寂静的春天》的出版，描述了一个没有鸟叫虫鸣的世界，人们的环境意识被唤醒，开始意识到仅有先进的科学技术并不能彻底解决环境恶化和污染的问题，正如除草剂的出现消灭了杂草却带来了重金属和有害物质残留的问题一样，

---

① Joy A. Palm&Philip Neal, *The Handbook of Environmental Education*, London：Routledge.1994.

解决某一具体环境问题的技术寻求的是对具体问题的破解，却未能在系统思维的基础上，破解整个生态系统的危机，人们开始思索将解决环境问题的手段从纯技术转向社会科学范畴，环境教育开始取代环境治理成为一个热门的词汇，并且以不同的形式表现，诸如自然研究、户外教育、保育教育、经验教育、室内研究、课堂讲授、专家演讲等，但其最根本的内涵在于要引导人们从根本上关注环境问题，关心人类和周围环境之间的相互联系。正如环境教育的先驱者贝尔·斯泰普（Bill Stapp，1930—2001 年）在 1970 年首次给环境教育下的定义，"目的是培养对生物物理环境及其相关问题关心的公民，他们知道如何解决这些问题，并有动力致力于解决这些问题[1]"，这一定义强调"动机"，将环境问题的解决置于社会科学层面，侧重于从目标论的层面界定环境教育。

1972 年，英国卢卡斯教授提出了著名的环境教育模式，把环境教育归结为"关于环境的教育"（Education about the Environment）、"通过环境的教育"（Education in or through the Environment）、"为了环境的教育"（Education for the Environment）三个方面，单纯满足其中一个条件并不是真正的环境教育，必须满足其中两者或三者。在这一模式指导下，环境教育的开展强调场域的创设，并关注特定场域下对人们环境价值观和环境行为的改变。

1969 年 12 月 30 日，美国国会颁布了《美国国家环境政策法》，成为美国保护生态环境的基本法。1970 年，美国国会通过《美国国家环境教育法》[2]，规定在美国卫生教育和福利部下设环境教育办公室，并组建了国家环境教育咨询委员会。环境教育的开展获得了国家认可，并有了法律支撑。1970 年 4 月 22 日，世界首个地球日活动吸引了超过 2000 万人参与，成了世界上最早的大规模群众性环境保护运动，两年后，联合国第一次人类环境会议召开。

1971 年北美环境教育协会（North American Association for Environmental

---

①　根据原文翻译 "Environmental education is aimed at producing a citizenry that is knowledgeable concerning the biophysical environment and its associated problems, aware of how to help solve these problems and motivated to work toward their solution." 引自 Stapp W B . "The Concept of Environmental Education" In *The American Biology Teacher*，1970，32（1）. p.14–15.

②　这一法案在 1981 年被废止。

Education，NAAEE）的前身国家环境教育协会成立。后来 NAAEE 发展成为全球最大的环境教育协会，现在其成员超过 40 多个国家，是世界上最大的关于环境教育的协会，每年举行一次年会，分环境教育实践和研究两个模块进行。

1972 年联合国发表了《斯德哥尔摩宣言》，提出"为现代人和子孙保护和改善环境，已成为人类的一个迫切目标"，宣言的发布促使人类更加关注环境问题，人类与自然环境开始走向良性互动时期。1975 年 10 月《贝尔格莱德宪章》的发布，被看作环境教育的全球性框架文件，对环境教育的目标进行了进一步界定。1977 年《第比利斯宣言》对于环境教育的角色、目标与特性有了更为完整的论述，将环境教育的目标分为意识、知识、态度、技能和行动 5 个层次，并提出了 12 条指导原则，成为当代环境教育历史上的里程碑。

联合国世界环境与发展委员会于 1983 年成立，1987 年《我们共同的未来》报告发布，提出可持续发展概念，充分体现了代内公平和代际公平的理念，环境保护开始逐渐与人类的发展实际结合，相关的思想和理念得到了很大提升。1988 年，联合国教科文组织提出了"可持续发展教育"一词（Education For Sustainability，EFS）。这一词汇和环境教育都是源自对环境破坏的关注，但比环境教育具有更深远的意义和宗旨，在解决环境问题的同等目标之外，还具有了发展的目标。为了实现可持续发展，教育的作用需要扩大，不再局限于只对环境给予主要关注。但是必须指出的是由于"可持续发展"概念内涵不确定性与"环境与发展"双重目标复杂性，可持续发展教育还是和环境教育在思路上有纠缠不清的地方[①]。

四十多年来，在实证主义和定量方法指导下，伴随着公众对环境和生态系统保护的关注和环境保护行动的泛化，环境教育思想研究得到了快速的发展，美国奥尔（Orr，1990）认为，所有教育都是环境教育[②]，无论自然科学的教育还是社会科学的教育都是围绕我们所赖以生存的环境进行的，并且其最终目标要回归到对于我们周边环境的良性回馈。人们也逐渐认识到，环境问题的解决不能仅仅依赖于科学和技术手段，环境教育思想也开始向人文主义和解释主义的方向转变，这就为生态教育思想的出现奠定了基础。

---

① 田道勇：《可持续发展教育理论研究》，山东师范大学 2009 年博士论文，第 44 页。

② Orr D W. "Environmental Education and Ecological Literacy". In *Education Digest*，1990.

④面向未来的环境教育时期（20 世纪 90 年代至今）。美国前总统布什于 1990 年 11 月 6 日签署了国会通过的《国家环境教育法》，取代了 1961 年的法案，美国的环境教育进入新的发展阶段。这项立法的宗旨在于通过联邦政府环境保护署与地方及州政府、非营利性教育和环境组织、非商业性新闻媒介和私人团体的协作来支持课程发展、特别方案和其他活动，以培养国民解决复杂环境问题的能力。

1992 年 6 月，联合国发布《里约环境与发展宣言》，正式提出可持续发展战略。1992 年，斯特林在提交给联合国环境与发展大会的报告中，再次完善了 "可持续发展教育" 的概念。环境教育从应对环境问题的教育，上升为新的教育发展方向——"为了可持续发展的环境教育"。1995 年，联合国在希腊雅典召开了环境教育会议，重点讨论环境教育与可持续发展的结合[①]。1997 年 12 月，《塞萨洛尼宣言》发布，指出环境教育是 "为了环境和可持续发展的教育"。至此，面向可持续发展的环境教育成为可持续发展框架下的教育的新模式。

目前，世界发达国家纷纷将环境教育结合本国的教育改革，推动教育向可持续方向发展，从而推动整个国家的教育改革与发展[②]。国际环境教育已经完全突破了边界的限制，形成了协同创新机制。

与萌芽时期相比，这一时期环境教育的思想内涵和目标更为明确，同时引入可持续教育思想开拓了其范畴，此外更为关注人类与环境的关系，环境保护从最初的副产品走向了终极目标。尽管环境教育和可持续教育两大思想流派 "纠缠不清"，但与前期思想源流相比有了新的进步，首先，使得环境教育思想和环保意识的观点更深入人心，其次，进一步拓展了环境教育思想的内涵，促使人们更为重视 "环境与人类行为内在的关联，环境保护就是环境教育和可持续教育的明确目的"[③]。人们对人类与生态之间关系的认识也上升到 "新生态范式" 阶段（New Ecological Paradigm，NEP）[④]，也唤起了人类对生态

① 郑玉飞：《生态学视野的环境教育课程》，华南师范大学 2005 年硕士论文，第 4 页。

② 宫长瑞：《当代中国公民生态文明意识培育研究》，兰州大学 2011 年博士论文，第 16 页。

③ 徐湘荷：《生态教育思想研究》，山东师范大学 2012 年博士论文。

④ Catton W R，Dunlap R E．"Environmental Sociology：A New Paradigm"．In *American Sociologist*，1978，13（1）．p.41–49.

法则的尊重[①]。约在环境教育运动诞生30年之后，生态教育思想应运而生。生态教育思想的核心是生态系统观、整体观和联系观，生态教育思想以生态系统的平衡、稳定和整体利益为出发点和终极标准（徐湘荷，2012）[②]。

"环境"是一个人类中心的、二元论的术语[③]，因而环境教育思想不可避免地带有"人类豁免主义范式"的色彩，其逻辑起点是人类中心主义的自然观，而"生态"则意味着相互依存的共同体，强调整体化的系统和系统内各部分之间的密切联系[④]，两者价值预设的不同，反映了人们对人类与周边生态的关系有了重新认知。

（2）我国环境教育的演进。我国环境教育演进主要从20世纪70年代开始，分以下三个阶段进行。

①起步阶段（1972—1982年）。中国环境教育事业起步于1972年首次参加在瑞典斯德哥尔摩举行的"联合国人类环境会议"，代表团团长、时任燃料化学工业部副部长唐克代表中国政府进行了发言，表明了中国政府对于环境问题的关注。1973年召开第一次全国环境保护会议，1980年中国环境科学研究院正式成立，标志着我国正式开展国家级环境保护研究，为环境教育的开展提供了技术支撑。1979年通过的《中华人们共和国环境保护法（试行）》[⑤]中就对环境教育做出明确规定[⑥]，1980年国家教委在《中小学教育计划和教学大纲》中正式将环境教育内容列入，标志着环境教育上升到国家层面的教育计划内容。1981年，全国环境教育工作座谈会在天津召开。

总体而言，起步阶段的环境教育是在探索中前行的，并没有同整个社会、经济和教育的发展联动起来。环境教育也主要在以学校为主体的场域进行，尤其是在中小学内，侧重于环境知识的普及和环境意识的提高。但是这一时

---

① 徐国玲：《西方环境社会学研究的三种范式》，载《中国环境管理干部学院学报》，2006年第2期，第24页。

② 徐湘荷：《生态教育思想研究》，山东师范大学2012年博士论文，第21页。

③ Cheryll Glotfolty, Harold Formm. *The Ecocriticism Reader: LandmarkinEcology*.Athens, Georgia：the University of Georgia Press，1996.

④ 同③。

⑤ 1989年成为正式法案。

⑥ 陈晓萍：《我国中小学环境教育的历史演进及其内容与特点分析》，载《浙江教育学院学报》，2005年第3期，第42页。

期的环境教育主要侧重于环境相关知识，对意识和价值观方面重视不足。为此，教育部在中国第八次基础教育课程改革中，将环境教育正式纳入中小学课程，从组织和机制对环境教育进行保障。

②成长阶段（1983—1991年）。1983年召开的第二次全国环境保护工作会议上，将"环境保护"列入了基本国策，环境教育被视为落实这一基本国策的重要战略措施，在一定程度上奠定了环境教育的地位。1984年《中国环境报》创刊，开始了对环境保护和环境教育的舆论和导向作用，这一刊物也成为我国环境保护和环境科学知识普及的权威报纸。1985年全国中小型环境教育经验及学术讨论会上，第一次提出了在中小学各学科教育中"渗透"环境教育的设想。可以看出，从这一阶段开始，环境保护和教育两个政府部门开始重视环境教育，初步建立起包括学校环境教育在内的环境教育多维体系。

③快速发展阶段（1992年至今）。中国政府参加了1992年的联合国环境与发展大会，自此，中国的环境教育进入了快速发展阶段。同年，第一次全国环境教育工作会议召开，提出了"环境保护，教育为本"的方针，环境教育被用来突破技术不能解决的环境问题。1993年由14个部门共同组织的"中华环保世纪行"活动的开展标志着公众环境教育的开始。1994年《中国21世纪议程》发布，明确指出中国在环境保护和可持续发展中应承担的责任，标识着我国环境教育与国际环境教育的接轨。我国环境教育实践的力推主要是在学校正规教育序列中进行的，1996年，科教兴国和可持续发展上升至国家层面，并在同年开始了"绿色学校"的创建，每两年对优秀"绿色学校"表彰一次。表2-5对1979年以来学校环境教育的演进进行了梳理。

表 2-5　我国中小学环境教育的演进

时间	事件	内容	意义
1979年	《中华人们共和国环境保护法（试行）》发布	对环境教育做出明确规定	环境教育首次提到立法层面
1980年	国家教委发布《中小学教育计划和教学大纲》	正式将环境教育内容列入	标志着环境教育上升到国家层面的教育计划

续表

时间	事件	内容	意义
1983 年	第二次全国环境保护工作会议	环境保护作为我国的一项基本国策	公众教育在环境保护中的重要作用
1983 年	中国环境科学学会环境教育委员会第三次会议	中小学应普及环境教育	学校环境教育的推行
1985 年	全国中小学环境教育经验及学术讨论会	环境教育应当渗透于各学科教学之中	环境保护与教育部门的共同重视
1987 年	《九年义务教育全日制小学、初中教学计划（试行草案）》的说明制定	将环境教育内容渗透到相关学科和课外活动中，并对教学大纲提出了相应要求	国家教育行政部门首次对基础教育中加强环境教育和渗透环境教育提出明确要求
1992 年	第一次全国环境教育工作会议	"环境保护，教育为本"方针提出	环境教育的地位和作用得到肯定
1994 年	《中国 21 世纪议程》	环境教育要面向可持续发展	环境教育与可持续教育的结合
1996 年	《全国环境宣传教育行动纲要（1996—2010）》	"环境教育成为素质教育的一部分"，开展"绿色学校"创建活动	"绿色学校"活动成为我国环境教育的一种有效载体和重要形式
2003 年	《中小学环境教育专题教育大纲》	要求从小学一年级到高中二年级进行环境教育，平均每学年 4 课时	环境教育的法定性认可

资料来源：根据陈晓萍期刊论文《我国中小学环境教育的历史演进及其内容与特点分析》整理，2005 年 [1]。

梳理我国环境教育发展的历程不难看出，同国际环境教育的发展相比，我国起步晚，而且是在政府推动的模式下开展，主要通过传统学科课程的渗透在中小学中开展环境教育，且多是利用课外活动进行。但是，在实践中，多数活动停留于环境教育的基础层面，即侧重于知识的传授，而对更高层面的诸如价值观和技能的培养等显得十分薄弱，且因为采取传统学科课程渗透模式，没有环境教育的专门师资，加之教师的日常工作量本来就大，无暇也无力去开展环境教育的教学研究工作，亟须拓宽环境教育的渠道和方式。

在学校之外，环境教育以与自然结合的教育形式得到了市场的大力推动，

[1] 陈晓萍：《我国中小学环境教育的历史演进及其内容与特点分析》，载《浙江教育学院学报》，2005 年第 3 期，第 42 页。

《2016 自然教育行业调查报告》显示，2010 年以来，中国的自然教育呈现了一个井喷式发展的态势，各种类型的自然教育机构涌现，与自然结合的环境教育开始走出了学校的大门，从学校环境教育延伸到公众的闲暇时间和游憩活动中去，按照机构运营方式，分为自然学校（自然中心）类、生态保育类、自然观察类、户外旅行类、农牧场类、博物场馆类、公园游客中心与保护七种主要类型。

在梳理世界和我国环境教育演进的基础上，可以看出，环境教育的内涵是一个不断自我更新的理念，从教育领域的发端开始扩展至社会学和生态学领域，从一种教育模式演变为一种管理手段，从单一的教育意义演变为具有学科渗透的综合教育理念。

2.1.2.2 环境教育的概念界定

要对环境教育的概念进行界定，要基于对"环境"和"教育"这两个核心词的界定基础之上。

（1）环境。英文 environmennt 一词源自法文 environer，含有包围（encicle）或环绕（surround）之意，在中文辞典中是环绕全境或周围境界的意思。英国牛津生态辞典解释环境包括了生物存活中所有外在物理的、化学的和生物的情况（Allaby，1998）。环境由众多相互关联和彼此作用的因素组成，通常根据不同性质和学科将环境划分为不同种类，如根据时间属性，可以分为过去环境、现在环境和未来环境；根据空间属性，可以分为陆域环境和水域环境，或本土环境和异域环境；根据活动属性，可以分为学校环境、家庭环境、社会环境、文化环境、经济环境、政治环境、工作环境、生活环境等。从社会学角度，人类是从生物集群中抽离的，因此人与环境之间是两个相对独立的系统。构成了"人与环境"的相对关系，人和环境互相作用和影响。从生态学的角度，环境可以分为生命环境和非生命环境，人类只是自然与人文环境中生物集群的一种生物而已，人与环境形成一种包容关系，人们在环境中活动，并对环境造成影响和作用，这与瑞典哲学家 Arne Naess 的"土地哲学"具有同样观点，认为人类只是地球（环境）的一部分或一个要素，人类需要持有对自然的整体观来看待周边的要素。因此，从生态学角度，环境与生态具有相同内涵。

（2）教育。"教育"一词来源于孟子的"得天下英才而教育之"。拉丁语educare，是西方"教育"一词的来源，意思是"引出"。这一定义有广义和狭义之分：广义的包义包括一切有目的地影响人的身心发展的社会实践活动；狭义的教育是指专门组织的教育，即学校教育。正如卢梭所言，"教育是一切有益于人类的事业中重要的一种①"，教育具有多重属性和功能，最基本的功能是促进个体的发展，进而影响社会人才体系的变化以及经济发展，并最终影响文化的发展。正如雅斯贝尔斯所说的："教育是人的灵魂的教育，而非理性知识的堆积。"②

（3）环境教育。环境教育的本质是一种素质教育和人格教育。工业文明时代中，"征服自然"的理念将人与自然环境对立起来，"与天斗，其乐无穷"的氛围下，人们不能认识到自身的生存与生态环境是休戚相关的，到了生态文明时代，开始逐渐意识到人与生态环境的共生，逐渐有了环境素养、生态素养和生态人格的概念，并将环境教育视为一种素质教育和人格素养的方式。

环境教育是一种持续性的终身教育，贯穿于人的一生之中，没有绝对的终点和起点。开始于学前教育阶段，并贯穿于正规教育和非正规教育的各个阶段。从时间序列来说，各层次的环境教育需要系统和连贯地逐渐推进，从空间序列来说，通过环境教育解决环境问题并不能单靠某一国家或某一区域的力量，需要依赖人类命运共同体的协同配合。

环境教育是一种跨学科的综合教育，其涉及的范畴从人类的生存，到人类如何看待周边世界及生态的可持续性发展等众多领域，小可以到某种微生物与周边环境的相处方式，大可以到地球的可持续发展，不同的学科可以从不同的侧面对共同主题进行诠释和理解，并将环境教育的核心理念渗透到各学科教育之中，培养对生态环境负责任的地球公民。

基于环境教育的本质特征，环境教育从对象来分，可以分为环境专业教育和环境社会教育。环境专业教育主要是在教育体系内设置环境类专业和开展环境类专业的项目研究，其教育目标是为环境保护事业培养专门技术和关联人才；环境社会教育则是针对全民进行的和环境保护相关的课程、专业和

---

① ［法］卢梭：《爱弥儿：论教育》，商务印书馆1978年版，第212页。
② ［德］雅斯贝尔斯著，邹进译：《什么是教育》，生活·读书·新知三联书店1991年版。

学科，主要包括学校教育、在职教育和大众教育三个层次，旨在加深人们对环境保护的认识，增强环境保护意识，并付诸环境保护的行动之中①。

2.1.2.3 国家公园环境教育的要素界定

借鉴生态旅游解说系统的关键要素说（见图 2-2），其中资源和受众的认可频率较高（刘艳等，2010），此外，由于环境教育的公共物品属性，各利益相关者都构成了国家公园环境教育的主体。本研究对国家公园环境教育的主体、受众、资源、媒介和场域五要素进行了界定。

图 2-2　生态旅游解说系统的关键要素

（1）国家公园环境教育的主体。国家公园公共物品的属性决定了其支配权不能交给某个私人或少数人所有。每个"理性"的个体都会追求利益的最大化，国家公园资源的开发和合理利用应该归社会公众所有，全体社会成员都公平享有生态系统服务并且利用这一公共领域进行休闲、游憩。

通常意义而言，教育的主体是指教育实践活动组织者和实施者，而国家公园环境教育的利益相关者出于其各自的政治、社会、经济、文化或生态利益，在环境教育实践中承担着不同的作用。因此，借鉴利益相关者理论中米切尔对利益相关者主体的两步法，对国家公园环境教育的主体进行分析。

首先明确利益相关者的主体，然后对各利益相关者的特征进行辨析和识别，确定其对应的关系，主要根据三个基本特征进行辨识，一是合法性，二是权力性，三是紧迫性（Mitchell，1997）②。以上三个特点满足一条才能成为国家公园环境教育的利益相关主体。在进行评分的基础上，满足三个条件的被视为确定性利益相关群体，其同时拥有对国家公园环境教育的合法性、权

---

① 彭立威、陈宏平：《试论环境教育的基本内涵》，载《湖南行政学院学报》，2004 年第 5 期，第 93 页。

② Mitchell A Wood . "Toward a Theory of Stakeholder Identification and Salience：Defining the Principle of Who and What Really Counts. Academy of Management Review". In *Academy of Management Review*，1997，22（4）. p.853–886.

力性和紧迫性，典型的确定性利益相关群体包括政府部门和国家公园的运营或管理机构，具体而言，政府部门主要分为中央政府和地方政府；预期性利益相关群体包括当地社区、保护机构和商业机构；潜在性利益相关群体包括专家、媒体和科研机构（见表2-6）。

表2-6　国家公园环境教育的利益相关主体

利益相关群体	合法性	权力性	紧迫性	类型
政府部门	高	高	高	确定性利益相关群体
国家公园运营或管理机构	高	高	高	确定性利益相关群体
当地社区	高	低　递增	中	预期性利益相关群体
保护机构	低	高	高	预期性利益相关群体
商业机构	低	高	高	预期性利益相关群体
专家	低	低	低	潜在性利益相关群体
媒体	低	低　递增	低	潜在性利益相关群体
科研机构	低	低	低	潜在性利益相关群体

　　以上利益相关者分类的模型是动态的，当某一类利益相关者获取或失去了相关属性后，就会转化为邻近的群体。

　　（2）国家公园环境教育的受众。国家公园属于IUCN保护地分类中的第Ⅱ类，其主要功能就是保护生态系统、为访客提供游憩和教育机会、开展科学研究和社区发展。到访公园的访客因其与公园之间的接触，理所当然成为公园环境教育的核心受众，但未能到访公园的访客也不应被排除在环境教育受众之外。国家公园作为"国有"的公园，应该实现全民共享的目标。根据统计，美国尽管每年有大量游客到访国家公园，但仍然是以白人为主，因此有专门研究未能接受公园服务的访客（under-servered visitor），吸引其进入公园参观访问或接受环境教育。尽管美国的国家公园里面没有社区居民的生活，但我国国家公园内均有社区居民，且国家公园周边也有居民，这是国家公园受众的第二层次。此外，由于国家公园和环境教育都属于舶来理念，加之环境意识发展的阶段和历程不同，公园的工作人员也成了环境教育的受众。三

方受众在相互接触中，互相之间也会潜移默化地进行环境教育的教化，见图
2-3。

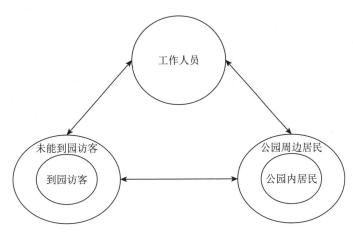

图 2-3　国家公园环境教育的受众

（3）国家公园环境教育的资源。国家公园的本质就是保护地类型，可以表现为陆地或海洋区域，以生态系统的保护为主要目的，具有国家代表意义，其本身就具有较强的科学和保护价值，因此公园和周边生态系统的自然和人文资源都是环境教育的资源。

（4）国家公园环境教育的媒介。媒介（media）一词来源于拉丁语"Medius"，音译为媒介，意为两者之间，教育媒介是指在国家公园环境教育中承载和传递环境教育信息的媒体，通常表现为人员媒介和非人员媒介两种形式。人员媒介是指通过工作人员的服务进行环境教育的形式，通常包括咨询服务、引导解说、专题演讲和情景再现等几种形式，主要是由解说员、环境教育导赏员、咨询服务人员、公园工作人员等开展的定点解说、专题解说、随机解说、专题演讲等，是互动形式较强的媒介形式，要求解说人员具有较强的环境素养、知识储备、语言技能、沟通能力和应变能力；非人员媒介通常包括解说牌、解说出版物、试听多媒体、展示、自导式步道、网络解说等多种形式，通常对媒介的设计和技术要求较高，详细分类见图 2-4。

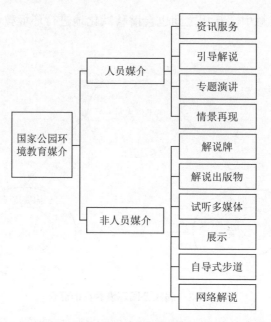

图 2-4 国家公园环境教育媒介

（5）国家公园环境教育的场域。卢卡斯的环境教育理念强调环境教育的在场性，即在环境之中的教育，讲究在限定场域之中进行相关的环境教育，强调场域的重要性，见图 2-5。

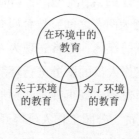

图 2-5 卢卡斯环境教育模式

布迪厄的场域理念认为场域不仅指物理的空间，还蕴含了物理空间所承载的精神和理念体现，环境教育的场域也是如此。正如环境之于人无处不在一样，环境教育的场域也比比皆是，大至生态系统相对完整的保护地区域，小至 1 平方米菜园乃至某个垃圾收集点，只要是按照环境教育的需求和理念进行构建的场所，可以用于进行各种类型的环境教育活动。正如社会空间之中场域多样化，任何场域都可以转化为环境教育的场域。

总体而言，可以将环境教育的场域分为三类：一是国民教育序列的教育场所，如教室、宿舍校园等，在这类场域进行环境教育，可以将环境教育的理念和行为引导灌注于受教者（即学生）的日常教学和课外活动之中，融日常教育与环境教育于一体；二是为进行环境教育创设的活动场所，如各类主题营地、自然学校基地、环境教育基地等；三是旅游和生态资源禀赋丰富的区域，如国家公园、自然保护区、博物馆、地质公园、湿地公园等，适合在旅游活动过程中进行专项的环境教育，既是这类型场域的功能体现，又增添了游憩活动的体验度。

国家公园内部通常分为严格保护区、生态保育区、游憩展示区、传统利用区四大功能区，除严格保护区外，其余三个区域都可以开展主题性的环境教育活动。

2.1.3 核心概念之间的关系

2.1.3.1 环境教育与国家公园关系

正是因为环境教育契合了国家公园为了当代和后代享用的宗旨和目标，因此环境教育成了国家公园的有效实现路径，两者之间呈现辩证统一的关系。

（1）环境教育和国家公园的目标一致性。环境教育的目标在其演进过程中不断进行调适，直到今天形成了环境和可持续发展的目标，可持续发展强调将整个生态系统纳入。Pivnick（2001）指出，生态教育是解决环境问题的关键所在，这一教育理论以生态哲学为基础[1]。刘伟等（2007）认为，生态教育这一概念是对环境教育的深化，要求对人们思想观念的革新[2]。生态教育的目标就是寻求生态系统的可持续性发展，在"新生态范式"的视野中，生态系统将自然生态系统和社会生态系统都包括在内。

---

[1]　Pivnick J. *Against the Current: Ecological Education in a Modern World*［D］.University of Calgary, Canada, 2001.

[2]　刘伟、张万红：《从"环境教育"到"生态教育"的演进》，载《煤炭高等教育》，2007年第6期，第11页。

正如镌刻在黄石国家公园北门上所彰显的"为了人们的享用和利益"（for the benefit and enjoyment of the people），国家公园也强调公园不仅是当代人的公园，更是后来人的公园。中国国家公园"坚持生态保护第一、国家代表性、全民公益性"的理念，规定"除不损害生态系统的原住民生活生产设施改造和自然观光、科研、教育、旅游外，禁止其他开发建设活动"，这与环境教育的目标保持了高度一致，都是为了实现生态资源和生态系统的可持续性发展，既保证代内公平，又注重代际公平。可以说国家公园和环境教育具有同样的多维目标，即生态保护和可持续发展，只是国家公园是这一多目标体系的载体，环境教育则是实现目标的重要手段。

（2）环境教育视角下的国家公园。

首先，国家公园的公益属性为开展环境教育提供了前提。公益性是国家公园最主要的属性，其设立是为了保护公众利益，正如黄石国家公园发现之时的篝火会议中所议定的，探险队的队员们在篝火边讨论了黄石区域的未来，最后决定保留下来，设立全民都能享用的公有地。美国将以环境教育为宗旨的解说和游客教育看作实现国民教育的重要途径，加强公众对公园的认识、了解和支持（陈耀华等，2014）①。学术界普遍认同国家公园的公益属性，其首要目标是对生态系统的保护，第二个目标才是在保护的前提下为科学、教育和游憩活动等提供机会。环境教育体现的公益性、低廉的门票等，都是指向国家公园的第二个目标。环境教育作为一种准公共物品，在国家公园这一具有公共物品性质的场域中进行，为彰显国家公园的公益属性，避免"公地悲剧"和"搭便车"现象提供了有力保障。

其次，环境教育体现了国家公园这一保护地类型的鲜明特色。各国都将国家公园视为重要的保护地类型，并在保护的基础上赋予了可持续发展目标，使之既为当代人，也为子孙后代提供各项功能和服务。我国也在探索中国特色的基础上形成了国家公园的五维功能体系，环境教育功能在功能体系中具有耦合效应，能促进国家公园其他功能的发挥，可以说环境教育是国家公园五大功能中一个重要的核心功能，也体现了国家公园保护体系的鲜明特色。

---

① 陈耀华、黄丹、颜思琦：《论国家公园的公益性、国家主导性和科学性》，载《地理科学》，2014年第3期，第257页。

最后，国家公园的分区决定了要以开展环境教育活动为主。一般而言，将国家公园分为严格保护区、生态保育区、游憩展示区、传统利用区四大功能区，三江源国家公园分为核心保育区、生态保育修复区、传统利用区三大一级功能分区，每个分区下又设置了二级功能分区。分区决定了在国家公园内既不是严格的保护，也不能以旅游为主；而按照功能分区的相关规定，对旅游活动的开展是在限定区域内限制性地开展，而环境教育活动能实现国家公园范围内的适当开发，为国家公园及周边社区创造就业和促进地方经济、社会发展，并能通过开展环境教育逐步提高访客、社区居民、经营者和管理者等相关利益群体的生态意识和生态环境素养，进而培养其对环境的友善行为和负责行为，有助于达到功能分区管理的目标。

（3）国家公园视角下的环境教育。

首先，国家公园是环境教育天然的场域，美国将国家公园视为环境教育的"天然大教室"，为环境教育师资的培训和环境教育活动的开展提供准入便利。各国对国家公园的准入制定了严格的限制条件，美国规定只有同时具有四项标准的保护地才能被列入国家公园范畴[①]。世界自然保护联盟（IUCN）对"国家公园"的区域和生态保护特性进行了规定，强调提供多样性的机会，包括"精神享受、科研、教育、娱乐和参观"等（Dudley，2013）。德国从景观、特色、面积、目标等方面进行了详细规定。严格的准入标准使得国家公园在生态价值方面具有独特性和元真性，且面积具备一定规模，也为环境教育的开展提供了不可替代的场域。

其次，国家公园为环境教育提供资源基础条件。试点的 10 个国家公园都具有国家或国际意义的核心资源，其资源禀赋条件为生态教育活动的开展提供了丰富的资源条件。此外，公园内的基础设施和人员配套服务也为环境教育的开展提供了必要条件，增强了环境教育受众的可进入性、体验度和满意度。

从以上国家公园与环境教育关系分析的基础上不难看出，国家公园与环境教育之间一直存在着良好的互动关系，环境教育是国家公园的核心功能，

---

① 资料来源：美国国家公园管理局官方网站 https://parkplanning.nps.gov/。

也是国家公园实现保护功能和其他功能的重要路径；国家公园则是环境教育重要的承载场域，为环境教育提供了资源基础条件。

从国内外环境教育和国家公园的研究视野来看，环境教育既是国家公园属性、功能、宗旨和目标的体现，更是国家公园宗旨的实现路径。为更好实现国家公园体制试点，创建真正的中国大陆国家公园，有赖于多种路径的实施，而环境教育正是其中有效路径之一。

同自然保护区奉行严格的生态保护政策不同的是，国家公园并不刻意强调一味的保护，而将其置于生态保护的"孤岛"位置。国家公园强调其"国有"和"公益"属性，因此在其范围内开展环境教育活动具有重要意义，是国家公园宗旨的实现路径。

2.1.3.2 国家公园环境教育与生态旅游的关系

生态旅游作为一种具有保护自然环境和维护当地人民生活双重责任的旅游活动，在环境保护日益受到关注的今天得到大力发展，也是国家公园功能和目标体现之一。生态旅游具有自然性、教育性和可持续性三个核心内涵，是一种可持续发展的旅游，环境教育的最终目标指向可持续发展，两者具有天然的耦合关系（侯银银，2014）[1]。两者作为国家公园的主要功能，在国家公园范围内呈现共生关系。

（1）生态旅游是一种在环境中的教育。环境教育可以发生在正式环境教育课程之中，也可以发生在非正式的环境教育氛围中，倡导利用真实的环境资源进行教育。Tanna（1980）的研究表明，童年时代在自然的或其他相对比较原始的生活环境中的经历有助于促成环境保护主义者的形成[2]，Palmer（1993）通过在英国的研究，发现91%的人认为"户外"因素是影响人们参与和关注环境保护的主要因素[3]，其后的研究进一步表明户外教育

---

[1] 参见侯银银：《闲暇环境教育与生态旅游耦合度评价研究》，中南林业科技大学2014年硕士论文。

[2] Tanner Thomas R. "Conceptual and Instructional Issues in Environmental Education Today". In *The Journal of Environmental Education*，1974，5（4）．p.48-53.

[3] Palmer Joy A. "Development of Concern for the Environment and Formative Experiences of Educators". In *The Journal of Environmental Education*，1993，24（3）．p.26-30.

是塑造环境责任感和培育亲环境行为的最有效手段[①]。1981 年诺贝尔奖得主、亚洲第一位诺贝尔化学奖得主福井谦一把能够获得诺奖的深层原因归功于父母——是"他们为他的少年时代创造了一个能与大自然自由交往的家庭环境"[②]。生态旅游通常发生在诸如国家公园自然保护区、森林公园等自然区域，较少受到人为干扰，通过在这些自然区域内建立较为完善的环境教育和解说系统，实现对游客的环境教育目标，实现了生态旅游和环境教育的完美结合。

（2）环境教育体现生态旅游的本质和目标。杨桂华（2004）提出生态旅游双向责任模式中，强调"责任性是生态旅游的最大特征"[③]，双向责任性在"人与自然协调论"的指导下，同时强调对旅游目的地和旅游者的权益保障，环境教育保障和体现了生态旅游者的利益，成为体现生态旅游与传统大众旅游区别的分水岭。一方面，通过环境教育，可以丰富生态旅游的内涵和品质[④]，深化游客的生态体验。环境教育已经成为国家公园中生态旅游的重要和核心产品，极大地深化了生态旅游的内涵。另一方面，环境教育也是一种注重信息传递和游客感受的软管理方式，通过强调教育为主和公众参与的方式，将生态旅游地的相关信息传递给游客，能有效减少游客对环境的影响，培育旅游者对环境负责任的行为。

2.2 相关理论应用分析

相关理论包括系统理论、动力机制理论和多中心理论。

2.2.1 系统理论应用分析

2.2.1.1 系统理论简介

"系统"这一词汇具有悠久的历史，米利都学派的泰勒斯早在古希腊时期

---

① Palmer, J.A, *Influences on Pro-environmental Practices* [S]. Planning Education to Care for the earth, IUCN Switzerland, 1995: 3–8.

② 参见沈湫莎：《考虑教育问题，别忘了"人的本能"》，载《文汇报》，2016 年 10 月 21 日。

③ 杨桂华：《论生态旅游的双向责任模式》，载《旅游学刊》，2004 年第 4 期，第 53 页。

④ 李嘉：《环境教育与生态旅游关联性分析研究》，载《成都中医药大学学报（教育科学版）》，2011 年第 4 期，第 50 页。

就已经把宇宙看成自然总体，这个自然总体呈自我循环的状态①。毕达哥拉斯认为宇宙是一个大的整体，宇宙中的人是大宇宙的缩影，也是小宇宙。赫拉克利特在《论自然界》一书中说："世界是包括一切的整体。"德谟克利特的著作《宇宙大系统》被推测为可能是最早使用"系统"一词的西方哲学著作，只是这本书并未能流传下来。近代对系统进行的科学研究始于奥地利生物学家贝塔朗菲（Ludwig von Bertalanffv，1901—1972 年），1937 年首次提出系统是"诸多要素的综合体"，各要素之间相互作用。通常认为系统的构成如下：

（1）要素。系统由要素构成，要素是系统产生、变化、发展的动因②。要素具有层次性，在系统中相互独立又按比例联系成一定的结构，并在很大程度上决定系统的性质。第一，要素有机组成了系统，要素之间相互联系，并决定系统能够良好运行。要素与要素之间的联系并不是机械式的，而是以结构方式相互联系，并且在相互作用的过程中形成了系统的功能。第二，系统支配要素，可以制约要素的运行机制，影响要素的作用发挥。第三，在要素和系统的相互作用中，要素可能形成对系统的反作用，要素在系统内地位和功能的不同也会影响要素对系统的反作用，某些要素的改变也会影响整个系统，引起系统发生变化。

（2）结构。系统内各要素之间的关系形成了结构，结构是系统内各要素的能量和信息的流通和交互，是系统保持稳定和发展的基础，一旦结构发生变化，系统就会相应地发生改变，可能是系统的暂时失衡状态，也可能是出现新的系统功能。

（3）功能。功能是指系统所发挥的有效作用，系统各要素之间的关系和结构决定了系统功能的发挥。通常作为复杂巨系统的存在，都有多功能目标指向，且各功能之间会形成耦合结构。

2.2.1.2 系统理论的应用分析

运用系统理论进行分析，国家公园本质上是一个复杂性系统，其五大功能是国家公园这一复杂系统下的子系统，相互之间发生联系和耦合关系，推

---

① 黄顺基：《钱学森对管理科学的丰富与发展》，载《辽东学院学报（社会科学版）》，2012年第2期，第1页。

② 胡晓明：《个人慈善捐赠动力机制研究》，郑州大学 2017 年博士论文，第 18 页。

动国家公园功能的实现。而国家公园的每一功能又构成子系统，环境教育作为国家公园系统中的一个子系统，其动力机制由诸多动力要素组成。构成的动力要素排列组合形成不同的子系统，子系统之间通过相互联系和相互交换实现系统功能，体现系统的功效。基于系统理论对国家公园环境教育的动力机制进行研究，需要将机制内诸多动力要素、不同动力子系统纳入系统中进行研究，并对各动力子系统相互关系和作用机制进行分析，从而发现国家公园环境教育动力机制的结构和功能。国家公园作为一个有机系统，其五大功能都对维护国家公园制度和管理发挥着作用，使国家公园体系成为一个整体、均衡、自我调解和相互支持的系统。

2.2.2 动力机制理论应用分析

2.2.2.1 动力机制理论简介

《辞海》对"动力"下的定义是指"可使机械运转做功的力量或者比喻推动事物运动和发展的力量"[①]，也就是说动力的核心在于力量，通过力量推动工作或事物前进和发展。"机制"一词最早源于希腊文，原意来自解释机器的构造和动作原理，如植物的光合作用机制就是指植物将二氧化碳和水转化有机物并释放氧气的过程。机制是指系统内部要素间的耦合关系与作用机理。机制与制度不能画等号。制度是明文规定会约定俗成的规则，机制则是制度运行的内在机理；制度通常是外显的，而机制通常蕴含在内部，是制度的核心内涵；制度通过机制起作用。制度可以分为正式和非正式制度；机制可以从动态机制和静态机制两方面进行解构，动态机制是指要素之间的作用关系和运行功能，静态机制是指要素之间的相互关联和结构方式。

在不同的学科视角下，机制一词具有不同的内涵，如社会机制、生物机制、政治机制等。分析机制通常有两个维度：一个维度从其组成部分来进行分析，另一个维度是从组成部分之间的关系来进行分析，分析各组成部分的运作方式、运作途径等。

有关动力机制问题的研究见于管理学、经济学、社会学、心理学、系统

---

① 夏征农：《辞海》，上海辞书出版社 2002 年版，第 364 页。

科学等诸多学科，社会学与心理学的研究成果已被管理学吸收，管理学中的社会协作系统学派和人际关系学派由此应运而生（Harold Koontz，1980）。管理学中侧重从激励理论进行研究，经济学中衍生出信息经济学、契约理论、委托代理理论及机制设计等理论，大量研究采用交叉研究的方法，派生出群体动力学（Kurt Lewin，1946）、系统动力学（J. W. Forester，1961）等管理理论的"丛林"，Shenge（1995）在《第五项修炼》中将系统动力学作为管理分析工具，开创了从机制层面研究管理的新范式。

2.2.2.2 动力机制理论应用分析

系统工程理论认为系统由要素构成，要素形成结构，结构派生功能。从结构到功能的跨度太大，如果缺乏机制作为解释桥梁，功能如何由结构产生难以阐明，因此机制被认为是要素之间的耦合关系与作用机制，是结构派生功能的内在原因（郝英奇，2006）[①]。动力机制着眼于系统整体，发掘系统和组织成员的积极性，形成一个针对工作动力的管理系统。机制是系统良好运作的保证。系统的效能来自系统的动力机制，动力机制是系统产生动力的机理，如果动力机制不畅，则系统的整体功能和效率的发挥就会受到影响，因此就需要从动力机制的构建或调整着手，实现系统的高效能。

目前关于动力机制理论应用的模型研究主要分为两大类，一类是以定量分析为主要方法的仿真模型构建，另一类是以定性分析为主要方法的理论模型构建。两者都聚焦于问题的解决，问题是其模型构建的起点和归宿[②]，前者多运用于运筹学和系统工程类学科，也被认为是硬系统性方法，着眼点在于用数学模型解决问题；但也因其对系统中人的因素考虑不足，并不能适用于解决管理系统中的与人相关的软问题。Checkland（1985）从 20 世纪 70 年代就运用硬系统方法在企业进行适应性研究，认为这一方法并不适用于处理软问题，因此提出了软系统方法[③]，其流程如图 2-6 所示。中国科学院系统科学

---

① 参见郝英奇：《管理系统动力机制研究》，天津大学 2007 年博士论文。

② 张文泉、张世英：《广义系统方法探讨》，载《决策与决策支持系统》，1994 年第 3 期，第 51 页。

③ Cheekland P B. *A Chieving Desirable and Feasible Change: An Application of Soft Systems Methodology*，J.OPI，Res，Vol.36，No. 9，1985.

研究所顾基发（1998）提出物理—事理—人理（WSR）系统方法[①]，也将人的因素纳入系统动力机制的考量。

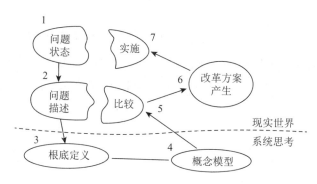

图 2-6　软系统方法示意

国家公园其本质是一个大的生态服务系统和管理系统，兼有生态保护、游憩、科学研究、环境教育和社区发展的多维功能，五大功能构成有机整体。每一功能构成其自身系统，形成其特有机制，刺激功能的实施。这一生态服务系统和管理系统不可避免地有人的因素的存在和影响，因而需要将这一系统看作软系统，采用"问题分析—问题寻根—概念模型—比较—实施—方案产生"的思维流程对系统进行研究。

2.2.3 多中心理论应用分析

2.2.3.1 多中心理论简介

"多中心"（Polycentrity）一词最早是由迈克尔·博兰尼（Michael Polanyi）提出[②]，就此开始应用这一理论分析事物[③]，证明自发秩序的合理性以及社会管理可能性的限度。美国著名政治学学者埃莉诺·奥斯特罗姆（Elinor Ostrom）在传统单中心理论的基础上提出了公共领域的多中心治理制度，运用公共选择与制度分析理论和方法，对水资源甚至气候等公共池塘资源的制

[①]　顾基发、高飞:《从管理科学角度谈物理—事理—人理系统方法论》，载《系统工程理论与实践》，1998 年第 8 期，第 2 页。

[②]　［英］迈克尔·博兰尼:《自由的逻辑》，吉林人民出版社 2002 年版，第 142 页。

[③]　王志刚:《多中心治理理论的起源、发展与演变》，载《东南大学学报（哲学社会科学版）》，2009 年第 S2 期，第 35 页。

度结构进行研究，也因此获得了 2009 年度诺贝尔经济学奖。这一理论更加强调参与者的互动过程和能动创立治理规则、治理形态，常用于解决公共事物的治理这一难题。

政府不再是唯一的决策主体，自然资源需要由不同规模、相互独立的多个决策中心来共同进行管理。奥斯特罗姆的公共事物自主治理理论把多中心秩序与效率和公共利益关联起来，为公共事物治理的理论与实践提供了新的思路和解决方案。多中心的制度安排打破了单中心制度中最高权威只有一个的权力格局，形成了一个由多个权力中心组成的治理网络，以承担一国范围内公共管理与公共服务的职责。作为公共事物自主治理的制度理论的多中心理论，强调公共物品供给结构的多元化，其供给者可能是公共部门，或者是私人部门，也可能是社区组织等，这样多元竞争机制就被运用于公共物品供给过程中①，用于解决公共事物治理中"市场失灵"或"政府失灵"的顽疾。

2.2.3.2 多中心理论应用分析

首先，将多中心理论运用于国家公园环境教育上，即意味着承认国家公园环境教育需要多个供给者，多个供给者之间可能是来自不同领域和阶层，构成不同行为主体，形成错综复杂的供给网络，这个网络可以囊括中央政府单位和各级地方政府单位、非政府组织、商业机构以及公众等。通过公共物品不同的供给者网络，可以破除传统垄断局面，形成多主体供应的协同关系。

其次，多个供给主体意味着国家公园环境教育的政府和社会的共同参与。供给物品单纯的政府供应难免会有供给单一、效率低下、权力寻租等负面后果，单纯的市场供应会导致国家供应环境教育公共性的缺乏和供给不足的问题。改变单中心供给的状况，使政府和社会共同参与国家公园环境教育的供给，有助于政府和社会的有限沟通和协调，降低供给成本，提高供给效率。

---

① 陈艳敏：《多中心治理理论：一种公共事物自主治理的制度理论》，载《新疆社科论坛》，2007年第3期，第35页。

2.3 案例点基本情况

2.3.1 黄石国家公园

对黄石国家公园成立的基本情况、公园宗旨和理念进行梳理，并剖析其环境教育的发展历史线索和现状。

2.3.1.1 成立概况

世界第一个国家公园——美国黄石国家公园（Yellowstone National Park）成立于 1872 年 3 月 1 日，公园的成立也拉开了世界范围内国家公园建设的帷幕，人们将公园的成立看作一项里程碑式的决定。直到今天，黄石国家公园仍然被看作全球资源保护以及公共土地管理中成功运用环境教育模式的典范。

早在 11000 年前，今天的黄石国家公园范围内就有了人类活动的痕迹。最早活动在这一范围的是以被称为"食羊者"（Sheep Eaters）为代表的印第安部落的人们，其在欧裔美洲人踏上这片土地前就来到了这片土地之上。19世纪初，欧裔美洲人才开始对这一范围进行探索，奥斯本·罗素（Osborne Russell）记录了 19 世纪 30 年代对黄石这片范围内的探索状况，这一时期对黄石区域的探索处于自发和小型阶段，直到 1860 年才开始了有组织的探索活动。当时威廉·F.雷诺兹（William F. Raynolds）上尉率领一支军事探险队对黄石区域进行探索，但由于考察途中突然遇到降雪，没能完成对黄石高原的探索。在随后的几年中，内战使得美国政府暂时没有精力组织进行进一步的探索。后来，又计划了几次探险，但没有一次得以真正实施。直到 1870 年，黄石国家公园历史上最传奇的一次探险开始了，探险家们在结束一天的探险活动后，聚集在两条原始河流交汇处的篝火旁，开始讨论其在探索过程中的所见，大家开始意识到这片充满火、冰和野生动物的土地需要保护起来，因此诞生了成立"黄石国家公园"的传奇概念。探险家们的最高成就不仅是发现了黄石国家公园的价值，还在于将黄石国家公园从当时私人的滥开发潮流中挽救出来，公园的发现者们在 1871 年年底和 1872 年年初推动了一项公园法案[①]的颁布，这项法案借鉴了《1864 年优胜美地法案》（*Yosemite Act Of*

---

① 该法案保留了优胜美地山谷（Yosemite Valley）的定居点，并将其托付给公园所在的加利福尼亚州。

1864）的相关做法，使黄石公园的土地不至于流失于私人手中。探险家们的持续报道以及艺术家们的工作，使得美国国会终于在 1872 年批准组建了黄石国家公园。1872 年 3 月 1 日，时任美国总统尤利西斯·S. 格兰特（Ulysses S. Grant）签署了《黄石国家公园保护法》（*Yellowstone National Park Protection Act*），世界第一个国家公园就此诞生于美国。正如这一法案中提到的："黄石河的源头……在此保留并避免定居、占用或出售……并将其作为公共公园或乐土，为人民造福和享受。"在当时这样一个大肆扩张的时代，诸如尼亚加拉大瀑布等周边都遍布私人的住宿接待设施，美国联邦政府颇有远见地把诸如黄石这样被认为极有开发价值的土地划出来，作为公共的土地，使其免于过度开发利用。因此，美国的国家公园理念也一直被认为是对世界的巨大贡献。

但是，公园的成立仅仅是物质层面的建立，从精神层面而言，国家公园的建立并不意味着立即就能被普通公众所认知和向往。最初出现的问题是去往公园的旅途艰辛，普通民众需要车船辛苦跋涉一周左右才能到达公园，直到 1883 年通往黄石国家公园的铁路建成，大量游客开始乘坐火车前往，从此去黄石国家公园旅行才开始成为普通民众的心愿，并慢慢变成现实。其后因为到访人数增加，保护问题开始显现。1886 年由于国会拒绝为"无效"的政府管理拨款，内政部长只好在国会授权下，呼吁战争部长对黄石国家公园的保护提供援助，因此军队从当年 8 月 20 日起开始接管公园，并在公园内加强和执行管理制度，今天黄石国家公园内猛犸（Mammoth）游客中心附近还保留有大量当年军队驻留的遗迹。但保护公园毕竟不是军队的常规工作，也不是其擅长的工作，士兵们只能运用强制力量保护公园免于受到破坏，但无法满足公众对于公园的求知需求，强制性的保护也不利于公园的发展。加之这一时代还成立了其他 14 个国家公园，这 15 个国家公园每个都是单独进行管理，形成了管理水平不均、效率低下和缺乏统一的理念和方向用于指导管理的局面。保护的严峻和管理的水平不均问题都呼吁一个统一、明确的管理机构来进行相关整合工作，这催生了 1916 年国家公园管理局（National Park Service，NPS）的成立，从此正式的管理机构得到确立，国家公园管理体制开始走向规范化并一直延续至今。

2.3.1.2 公园的宗旨和理念

1872 年美国国会通过《黄石国家公园法》中提到，国家公园是"为人们福利和快乐（for the benefit and enjoyment of the people）提供公共场所和娱乐活动的场地"[①]，后来这句话被镌刻在了黄石公园北口的拱门之上，成为黄石国家公园成立的宗旨，也使得黄石国家公园的成立被公认为是一项里程碑式的决定，这一句话也被永久地镌刻在美国和世界国家公园发展史上。

1916 年通过的《国家公园管理局组织法》又进一步明确建立国家公园的目的是"永续利用"，并且"让人们以保护的态度和方法欣赏"公园内的"风景、自然和历史遗存、野生动植物"，这些表述都体现了黄石国家公园的保护优先的理念，并且在保护的前提下，强调公众对公园的利用权利，体现了可持续发展的理念，既强调对后代人的代际公平，也强调对当代人的权利的保护，这也是生态正义理念[②]在黄石国家公园利用中的体现。一份前国家公园系统顾问委员会的报告《为 21 世纪对国家公园的反思》里写道："国家公园的创立是对未来信念的一个表达，是各代美国人之间的约定，一个从过去向未来转移的承诺。"[③]美国国家公园理念主要表达的是一种和谐，既是保护与利用之间的和谐，也是当代与后代之间的和谐，其实质是人与自然的生态和谐。

2.3.1.3 公园环境教育发展历程

正如黄石国家公园管理体制并没有在公园成立之时就建立起来一样，黄石国家公园以解说和游客教育为主的环境教育也不是从国家公园建立之初就开始进行的。1871 年解说之父 Muir 将"解说"一词用于对自然现象的理解和解释，从此，这一词汇才被赋予了现代意义和功能属性。1886 年美国军队派驻和守护黄石国家公园期间，开始对游客进行地热方面的解说，但囿于其非

[①]　殷培红、和夏冰：《建立国家公园的实现路径与体制模式探讨》，载《环境保护》，2015 年第 14 期，第 24 页。

[②]　生态正义是关于自然生态的正义理论，其主要含义包括全体人类正当合理地开发利用生态环境和生态资源，在对待自然生态和自然环境问题上，不同国家、地区或群体之间拥有平等的权利，承担相同的义务。资料来源：李永华：《论生态正义的理论维度》，载《中央财经大学学报》，2012 年第 8 期，第 73 页。

[③]　师卫华：《中国与美国国家公园的对比及其启示》，载《山东农业大学学报：自然科学版》，2008 年第 4 期，第 631 页。

专业特性，并不能将军队的讲解视为专业性的解说。随着 1916 年国家公园管理局（National Park Service，NPS）的成立，关于黄石国家公园的带有解说性质的书和小册子开始印制出来，官方组织的带有教育性质的解说活动也得到了开展。初期的解说活动主要围绕面向公众的教育工作进行，其目标主要是：①对公众的教育；②把建设国家公园为环境教育的"教室"和"博物馆"；③提供交流平台；④收集历史文化和科学研究数据[①]。

1920 年，国家公园管理局开始在黄石国家公园和优胜美地国家公园同时开展解说项目，标志环境教育在国家公园的正式实施开始。此后相继在各个国家公园中开始实施，解说人员队伍也不断扩大[②]。1925 年，第八届国家公园会议召开，主要讨论解说教育服务的改进之处，公园的教育目的再次得到强调，因此这次会议被认为是美国国家公园解说教育史里程碑意义的一次会议。同年，优胜美地国家公园成立了户外自然史学校，从此解说的培训和专业化程度得到加强。1957 年，公园管理局在优胜美地国家公园开办了另一所学校，负责包括解说在内的实地操作训练。同一年，提顿的著作《解说我们的遗产》一书的出版宣告了第一个教育解说理论的诞生，解说开始形成理论体系。1960 年，教育服务风潮逐渐席卷全世界，此后环境解说运动兴起。1972 年，哈珀斯·费里规划中心（Harps Ferry Center）正式启动并运行至今，这一机构专门负责美国国家公园的解说与教育项目。20 世纪 80 年代开始至今，美国国家公园的解说和教育服务开始趋于完善，每一个国家公园都有解说与教育专项规划，并且在项目实施中采用了多种现代科技手段，并且寻求与多方的合作，以更好地提供解说与环境教育服务[③]。

2.3.2 普达措国家公园

2.3.2.1 中国国家公园发展历程和试点概况

有别于古代的私家园林，具有开放性和公共性的现代意义的"公园"最

---

① 孙睿霖：《森林公园环境教育体系规划设计研究》，中国林业科学研究院 2013 年硕士论文。
② 孙燕：《美国国家公园解说的兴起及启示》，载《中国园林》，2012 年第 6 期，第 110 页。
③ 王辉、张佳琛、刘小宇、王亮：《美国国家公园的解说与教育服务研究——以西奥多·罗斯福国家公园为例》，载《旅游学刊》，2016 年第 5 期，第 119 页。

早由西方传入中国，是 1868 年 8 月在上海建成的"外滩公园"，被称为"公家花园"，1904 年以后，这一词汇逐步被"公园"所取代①，由此可见，公园一词从出现至今都具有公有属性，要面向大众开放。中国大陆的国家公园设立进程始于 1996 年，发端于云南省②。2006 年云南香格里拉普达措国家公园挂牌成立，被认为是中国大陆第一家试运营的国家公园；2008 年 7 月，国家林业局批准云南省为国家公园建设试点省；截至 2016 年 8 月，云南省政府共批准设立 13 个国家公园③。这一系列的实践探索及学界对国家公园的长期关注都掀起了建设和研究的热潮。

国家层面对于国家公园的探索始于 2008 年，这一年的 7 月国家林业局批准云南省作为国家公园建设试点省，而且是唯一的试点省，要求"研究和完善相关政策，建立相应的法规、政策、标准和管理措施"，2013 年年底，中共十八届三中全会正式提出"建立国家公园体制"，并将其作为生态文明制度建设的重要内容。随着改革的不断深入，中央全面深化改革领导小组第二次会议明确将国家公园体制改革试点工作列入 2014 年必须完成的生态文明体制 12 项改革任务之一。2015 年《建立国家公园体制试点方案》出台，要实现保护地体系"保护为主"和"全民公益性优先"，中国开始了关于国家公园体制建设的探索，国家发改委选定北京等 9 省市开展试点④，试点时间为 3 年，2017 年年底结束⑤；2015 年 1 月，国家发改委同中央编办等 13 部委联合下发《关于印发建立国家公园体制试点方案的通知》，选定了 12 个省市（青海、湖北、福建、浙江、湖南、北京、云南、四川、陕西、甘肃、吉林和黑龙江）的 9 个试点区域，后来祁连山也被列入，形成了国家公园 9+1 试点单位。与此同时，国家公园的国际合作也开始进行，2015 年 6 月，国家发展改革委和美国保尔森基金会签署《关于中国国家公园体制建设合作的框架协议》，中美之间启动为期 3 年的中国国家公园体制建设合作。

---

① 谢贵安、谢盛：《中国旅游史》，武汉大学出版社 2012 年版，第 477 页。
② 王梦君、唐芳林、孙鸿雁、张天星、王丹彤、黎国强：《国家公园的设置条件研究》，载《林业建设》，2014 年第 2 期，第 1 页。
③ 参见张一群：《云南拟建 3 处国家公园通过专家评审》，载《中国绿色时报》，2015 年 4 月 15 日。
④ 具体包括北京、吉林、黑龙江、浙江、福建、湖北、湖南、云南、青海 9 省市。
⑤ 参见余青：《美国国家公园路百年启示》，载《中国旅游报》，2015 年 6 月 12 日。

2015 年 5 月，国务院《关于加快推进生态文明建设的意见》将国家公园体制建设作为生态文明建设的重要内容，承载着生态文明建设的重要任务。2017 年 9 月，中办、国办印发《建立国家公园体制总体方案》，党的十九大报告提到"建立以国家公园为主体的自然保护地体系"，形成了最严格的保护体系，并进一步强化了国家公园的主体定位。目前，一共有 10 个试点单位，试点延长到 2020 年，将在 2020 年，建成第一批国家公园。

2.3.2.2 普达措国家公园发展历程

云南普达措国家公园是在碧塔海省级自然保护区的基础建设而成的，主要包括位于"三江并流"世界自然遗产红山片区中的属都湖景区、尼汝自然生态旅游村的自然及人文资源等，同时具有国际重要湿地、自然保护区和"三江并流"世界自然遗产的特点，其建设和发展的历史经历了三个阶段。

（1）第一阶段：管理机构成立及资源整合阶段（2005—2006 年）。在 2005 年以前，公园范围内并没有统一的管理机构，主要分为碧塔海和属都湖两个独立的景区，碧塔海景区由香格里拉县森林生态旅游公司负责经营；属都湖景区原为硕多湖景区，由民营企业——属都湖生态牧场负责经营，附近村民自发地在两个景区轮流开展牵马、烧烤、租衣服、民族服装租借等游客服务活动。2005 年伊始，为减少人们旅游活动和马匹践踏对碧塔海省级自然保护区和属都湖景区生态环境的破坏，迪庆人民政府对碧塔海、属都湖两景区进行了资源整合，成立了迪庆州碧塔海属都湖景区管理局（现在的香格里拉普达措国家公园管理局的前身），隶属于州政府，按照正处级参公事业单位进行管理。管理局成立后，进行了机构建设，对碧塔海和属都湖景区（现普达措国家公园范围）行使"统一管理、统一规划、统一保护与统一开发"的"四统一"职能，为中国大陆第一个国家公园的建设奠定了基础。

（2）第二阶段：试运营阶段（2006—2015 年）。2005 年 12 月，西南林学院生态旅游系接受迪庆州人民政府的委托，开始开展普达措一期和二期的规划工作。其中，一期规划总面积为 301.0 平方公里，其中用于保护和区域面积占总面积的 99.81 %，比原碧塔海省级自然保护区（面积为 143 平方公里）扩大了 157.4 平方公里；国家公园游憩用地面积为 0.60073 平方公里，占总用地的 1.9%。根据普达措国家公园自然资源的稀缺性、承载力及保护价值等特点，将其划分为特别保护区、荒野区、户外游憩区、公园服务区和引导控制区 5 个功能区；二期规划总面积 467 平方公里，整个普达措国家公园规划面积达 768 平方公里，保护和开发的范围得到了加大。

普达措国家公园从 2006 年 8 月 1 日开始试运营；并在第二年的 6 月揭牌，从试运营（2006 年）至试点开始（2015 年年底），香格里拉普达措国家公园接待游客数量从 47 万人次增加到 1343192 人次。普达措国家公园的试运营实现了建设中国大陆第一个国家公园的目标[①]，也为公园内和周边社区的发展提供了有力支撑，是云南省对国家公园建设的有效探索。普达措国家公园现有管理机构是香格里拉普达措国家公园管理局、碧塔海省级自然保护区管理所、建塘国有林场和洛吉国有林场，其中香格里拉普达措国家公园管理局对公园进行具体管理，主要对公园的规划、保护和开发进行统一管理。

（3）第三阶段：国家公园试点阶段（2015 年至今）。2015 年《建立国家公园体制试点方案》将云南省列为 9 个国家公园试点之一，根据党的十八届三中全会提出的"建立国家公园体制"的要求及国家发改委等 13 部委联合下发的《国家公园体制试点方案》，云南省人民政府批准普达措国家公园作为全国国家公园体制试点区，及时组建了省发改委、省委编办、省财政厅、省国土厅、省环保厅、省住建厅、省水利厅、省农业厅、省林业厅、省旅发委、省文化厅、省政府法制办 12 个部门为成员的专项工作组，2015 年 4 月全面启动普达措国家公园体制试点工作，对照《国家公园体制试点区试点实施方案大纲》的要求，结合云南开展国家公园建设近 20 年的有益经验，深入现地调研、认真分析资料、开展专家访谈、征询部门意见、听取原住居民诉求，确定了《香格里拉普达措国家公园体制试点区试点实施方案》，2017 年 9 月 26 日，普达措国家公园被列入全国 10 个国家公园体制试点之一，试点工作为期 3 年。

2.3.2.3 普达措国家公园环境教育现状

普达措国家公园从建立伊始，就确立了保护、科研、教育、游憩和社区发展五大功能的发展思路，并将其总目标分解为资源与环境保护目标、监测与科研目标、教育与宣传目标、游憩展示目标、管理目标、社区发展目标六

---

①　唐芳林：《国家公园试点效果对比分析——以普达措和轿子山为例》，载《西南林业大学学报》，2011 年第 1 期，第 39 页。

个子目标。

目前，普达措国家公园对游客开展的环境教育主要集中于一期开放范围内，教育对象是大众旅游者，以发展大众环境教育解说为主，到普达措国家公园参观的人数自从试营业 2006 年的 47 万人次到 2016 年的 137.33 万人次，年接待游客数量翻了 2.86 倍，共接待游客 856.73 万人次，直接创造旅游收入共 17.59 亿元（见表 2-7），促进了当地经济的发展，这些人员通过参观、体验、导游的讲解和管理人员的引导，在领略了保护地大好风光的同时，也受到了环境生态意识教育，普达措国家公园较好地发挥了保护地的科普宣教功能，在国内确立了其国家公园环境教育示范效应的地位。

表 2-7　普达措国家公园游客量和经济收入一览

年度	人数	收入（元）
2004	15851	539320.00
2005	129804	6010103.00
2006	471959	42710830.00
2007	566363	104677615.00
2008	482098	87205960.00
2009	657675	117034660.00
2010	689815	125221480.00
2011	953376	178195401.50
2012	1096739	202637198.00
2013	1254516	314969766.00
2014	1087406	276816239.00
2015	1343192	314095836.66
2016	1373268	317397655.99
合计	10122062	2087512065.15

资料来源：根据普达措国家公园管理局数据统计。

目前，普达措国家公园的环境教育取得了一定成就，修建了新的游客中心，设置了大量解说牌；制作了多种宣传册、宣传折页等解说资料，供游客免费领取；公园内有专门的讲解员，讲解员在大巴车内根据景观变化对游客进行讲解；每辆大巴车上均配置了 GPS 定点解说系统，在没有讲解员的情况下也可以让游客充分了解景区的情况。但总体而言，当前的环境教育多体现在单向的静态解说方面，互动性质的环境教育活动、环境教育氛围的营造等还非常缺乏。现实环境中普达措国家公园环境教育功能的碎片化和不协调发展，在一定程度也会影响其他功能的协调发展。

第 3 章　国家公园环境教育动力机制 ESFP 模型构建

国家公园环境教育充满生机和活力的源泉来自动力机制。本章运用相关理论，在对美国黄石国家公园这一案例地实地调研的基础上，在理论和现实的研究基础上构建了国家公园环境教育动力机制 ESFP 模型，这一模型分为结构模型（ESFP-S）和机理模型（ESFP-M）两个组成部分，并对模型涉及的要素及要素之间的机制进行了界定。

3.1 模型构建依据

3.1.1 构建思路

国家公园环境教育动力机制的 ESFP 模型的构建是基于相关理论的综合运用，并在黄石国家公园实地调研的基础上，经过归纳和演绎得出的。

首先，运用系统理论和动力机制理论，构建了 ESFP 模型的基本要素，即 E-Elements（动力系统要素）、S-Subsystems（动力机制子系统）、F-Functions（动力功能）和 P-Paths（动力实现路径）。运用在黄石调研获得的一手资料进一步明确了 E、S、F、P 这四个要素的子要素。进一步细化和归纳出 ESFP 模型的结构模型，简称 ESFP-S 模型（S 是 Structure 的缩写，意为结构）。

其次，解构 ESFP 模型基本要素的时候，尤其是解构 S 要素的时候引入了推拉理论，解构 P 要素的时候引入了多中心理论，运用 ESFP-S 模型在案例地——黄石国家公园进行案例分析，进一步厘清 E-Elements（动力系统要素）、S–Subsystems（动力机制子系统）、F–Functions（动力功能）和 P–Paths（动力实现路径）各要素的内在构成和相互作用关系，形成 ESFP 模型的机制模型，简称 ESFP–M 模型（M 是 Mechanism 的缩写，意为机制）。两个模型构成的依据主要来自理论和现实两个层面。

3.1.2 理论依据

根据系统理论，国家公园本身就是一个复杂性系统，其多维功能的组成形成了国家公园这个巨系统之内的子系统（见图 3–1），五大功能都对维护国家公园制度和管理起着维护整体管理的作用，使国家公园体系成为一个整体、均衡、自我调解和相互支持的系统。而环境教育作为国家公园五大功能之一的核心功能，本身又构成国家公园巨系统之内的子系统，这一子系统满足系统的特征，具有要素、结构和功能三大组成部分。

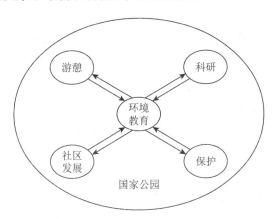

图 3–1　国家公园功能体系

国内外学者运用系统理论对动力机制进行研究时，往往从动力机制的三种内涵切入：一是机制的要素（Elements），即机制作为一种系统，其内部不同子系统、诸多动力要素之间的有机组成；二是机制的子系统（Subsystems），即机制内子系统的构成和关系；三是机制的功能（Functions），即机制内要素和子系统发生相互作用的效用和结果。除此以外，鉴于机制的实现路径呈现多元化趋势，单中心的路径不能解决复杂的现实问题，因此加入机制的实现路径（Paths），构建了国家公园环境教育的动力机制 ESFP 模型，作为理论分析框架（见图 3-2）。

图 3-2　国家公园环境教育动力机制 ESFP 理论分析框架

3.1.3 现实依据

为进行研究，笔者申请了访问学者项目，于 2016 年 6 月至 2017 年 6 月赴美国西华盛顿大学赫胥黎环境学院进行访学，访学主题是国家公园的环境教育。通过一年的访学和田野调研为动力机制 ESFP 模型的具体构建提供了现实依据。

2016 年 7 月参与了美国国家公园管理局委托进行的黄石国家公园游客调查，对黄石国家公园的环境教育项目进行了参与式观察，围绕调研主题进行了大量访谈。此外，在访学期间对北瀑布国家公园等其余 14 个国家公园的环境教育进行了体验和观察，并和相关人员进行访谈，为深入、系统地认识国家公园环境教育动力机制提供了方法论基础和理论平台。

3.1.3.1 研究对象的选取

研究对象分为 2 组。第一组是国家公园的管理者和经营者、研究人员和教育人员，包括美国国家公园管理局第 18 任局长 Johnath、黄石国家公园的解说巡护员和志愿者、黄石永远的工作人员，北瀑布国家公园非营利组织的负责人、环境教育项目主管、北瀑布国家公园环境解说与教育部负责人、解说巡护员，美国森林署国际合作交流处负责人和规划人员、华盛顿州立大学国家公园调查和研究项目负责人、西华盛顿大学赫胥黎环境学院院长、环境教育专业相关教师、公园规划和管理教师、国家解说协会会员，著名国家公园历史专家 Alfred Runte，华盛顿大学国家公园专家等访谈对象共计 43 人，采取深入访谈法，提炼其动力机制的基本要素。第二组是到访国家公园的游客，包括美国国内和国外的游客，其中有大量中国游客，研究对象共计 27 人，主要采取观察法和访谈法对其进行研究。

3.1.3.2 主题框架分析法简介

访谈资料采取主题框架分析法（Thematic framework analysis），这一源于 20 世纪 80 年代的数据分析方法，被广泛运用于管理学、社会学等研究领域（Hussey，2004）[1]，这一方法主要分为确定分析主题、资料标记和归类、总结以及资料分析等步骤[2]。

3.1.3.3 具体实施步骤

首先，确定分析的主题和分主题。按照主题框架分析法的要求和步骤，在访谈进行了约半年以后，在熟悉数据的基础上形成主题框架，一共确定了 3 个主题、9 个分主题和 15 个次级分主题（见表 3-1）。

表 3-1　主题、分主题以及次级分主题目录

主题	分主题	次级分主题
国家公园环境教育运行情况	开展项目	人员引导项目 非人员引导项目
	环境教育体系构成	人员构成 资金来源 媒介方式 运营管理系统
国家公园环境教育机构协作情况	协作机构的选择	如何选择协作机构 协作机构的数量
	环境教育质量控制	内部质量控制 外部质量评估
	非营利组织运营环境教育情况	运营项目 运营保障
国家公园环境教育系统运作良好的关键因素	国家公园管理局 公众参与 志愿者体系 捐赠体系	相关法规和制度 保障措施 激励措施

其次，通过编码和归纳形成主题图表。采用上述主题、分主题以及次级分主题对访谈原始资料进行标记和分析，通过对归类的资料进行整理，建立

---

① Hussey S. "Sickness certification system in the United Kingdom: qualitative study of views of general practitioners" In *Scotland*.2004，328（7431）．p.88.

② 汪涛、陈静、胡代玉、汪洋：《运用主题框架法进行定性资料分析》，载《中国卫生资源》，2006 年第 2 期，第 86 页。

主题图表，重点分析"非营利组织运营环境教育情况""志愿者体系""国家公园管理局"这三个分主题的访谈内容。

最后，进行访谈资料分析与解释。围绕"非营利组织运营环境教育情况"这个分主题，大多数访谈对象认为非营利组织在国家公园环境教育项目的实施、人员保障和资金募集方面起着关键性作用，且每个国家公园单位会选择一至两家非营利组织作为其环境教育的协作伙伴。对"志愿者体系"这个分主题，大多数访谈对象认为志愿者的时间、技能和资金的奉献都是国家公园环境教育成功的关键因素，也是国家公园环境教育的动力机制活力所在。对"国家公园管理局"这个分主题，大多数访谈对象认为国家公园管理局在环境教育项目的实施和管理方面占主导地位，相关管理机构的设置也起到重要作用，但也提到了在具体实践方面资金和人力的匮乏问题及解决路径。

通过分析以上三个分主题的内容，结合前述相关理论，将整个黄石国家公园环境教育动力机制的基本要素（E）、动力子系统（S）、功能（F）和实现路径（P）进行了归纳，提炼出国家公园环境教育动力机制的基本要点，提出了以黄石为代表的美国国家公园环境教育的动力机制是国家公园环境教育功能体系构建和发生过程中不同动力子系统、诸多动力要素之间相互作用、相互耦合的方式和机制，是驱使国家公园各利益相关主体产生环境教育参与行为的机制结构、机制功能和机制原理的总和，并构建了国家公园环境教育动力机制结构模型（ESFP-S）和机制模型（ESFP-M）。

3.2 模型要素筛选

ESFP模型的基本要素，即E-Elements（动力系统要素）、S-Subsystems（动力机制子系统）、F-Functions（动力功能）和P-Paths（动力实现路径）四部分的要素构成也是基于理论和现实依据筛选构成的。

3.2.1 动力系统要素（E-Elements）

E代表英文词语"Elements"，意思是要素，在本研究中指代动力机制的系统要素。通常而言，完整的教育系统包括施教者、受教者、教育素材和手段、机构等基本要素，这些要素相关独立、相互联系、相互作用而构成有机整体。环境教育作为一种完整的教育系统，是信息传递和交流的过程，国家公园环境教育系统理论渊源来自基础的教育系统，但又有别于学校教育系统，同样包含这四大要素，但构成更为多元化。借鉴教育系统的四要素，在调研的基础上，发现国家公园环境教育系统要素，其内含人员流、资金流、媒介三大要素，在组织系统的支撑下进行流动，如图 3-3 所示。

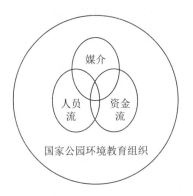

图 3-3　国家公园环境教育动力机制系统要素构成

3.2.2 动力机制子系统（S-Subsystems）

S 代表英文词语"Subsystems"，意思是子系统。世间万事万物的变化总是从外因和内因两方面进行的，国家公园环境教育动力机制的子系统也主要由外部动力系统和内部动力系统构成。此外，驱动力系统同时作用于系统内部和外部，成为系统动力机制良好运作的助动力，因此动力机制子系统可以解构于图 3-4 所示。

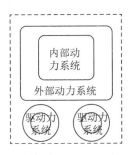

图 3-4　国家公园环境教育动力机制子系统构成

国家公园环境教育动力机制子系统的基本构成来自理论研究，其具体构成则是产生于理论和案例研究的结合。

外部动力子系统的构成原理来源推拉理论（Push-pull Theory），这一理论最初用于对人口迁移进行研究，最早由英国学者 E. G. Ravenstein 针对人口流动提出。根据该理论，可以从"推力"和"拉力"两个方面对影响人口迁移的力量进行分析，一般将"推力"归为消极因素，"拉力"归为积极因素，前者促使移民离开原居住地，后者吸引移民迁入。李（E. S. Lee）在此基础上，提出迁出地和迁入地存在推力和拉力的作用，并增添了中间障碍因素作为中介力量，推力、拉力和中间阻碍因素使得人口流动得以发生。随着研究的深入，社会学和管理学普遍使用了这一理论，Dann（1977）最早将这一理论引入旅游研究中，对旅游者旅游需求的拉力和推力进行了研究[1]。众多学者在研究动力机制时借鉴"推力"和"拉力"理论，对动力机制进行解构分析，但也发现推拉理论之间缺乏中介因素，两力无法建立直接联系（张保平，2003），因此纷纷引入第三力甚至第四力。邓德智（2016）在推拉理论基础上建立了"推力""拉力""中间障碍"三方共同形成的动力模型；周爱萍（2017）运用推拉理论分析大学生进入社会组织就业的动力机制，从就业形势和就业政策的推力、社会组织自身的拉力以及面临的中间障碍因素等角度入手，让大学生进入社会组织就业成为可能[2]；张保平（2003）引入中介因素，建构了新的理论模型——三维一体动力模型[3]；其他类似研究还有王娟娟等（2013）借助熵概念，提出游牧人口定居的动力已经存在，并构建了包括推力、拉力和中间障碍的动力机制[4]；胡伟伟（2015）以河南省唐河县为例基于推拉理论的农村宅基地退出动力机制研究，提出通过强化推力和营造拉力来构建"推拉式"农村宅基地

---

① Dann G M S. "Anomie, ego-enhancement and tourism". In *Annals of Tourism Research*, 1977, 4(4). p.184–194.

② 周爱萍：《基于推拉理论的大学生进入社会组织就业的动力机制构建》，载《唐山师范学院学报》，2017 年第 3 期，第 148 页。

③ 张保平：《解释偷渡现象的一种理论模型——三维一体动力模型》，载《中国犯罪学研究会第十二届学术研讨会论文集》，2003 年版，第 8 页。

④ 王娟娟：《基于推拉理论构建游牧人口定居的动力机制体系——以甘南牧区为例》，载《经济经纬》，2010 年 2 月版，第 52 页。

退出动力机制[①]；李扬扬（2011）提出农村城镇化的动力机制，即农牧业发展是城镇化的初始动力，并指出工业是城镇化的根本动力，第三产业是城镇化的后续动力[②]；孙丽文等（2016）将推拉理论引入生态产业链形成过程的分析，找寻出影响生态产业链发展的"推力""拉力""中间障碍"因素，对各动力因素的作用机制进行详尽的剖析，并构建了企业生产可能性边界、经济利益、生产成本三条作用路径；李强（2015）从推拉理论视角研究了中老年人群体育锻炼动力机制[③]；赖波平（2009）在评述传统人口迁移推拉理论的基础上，引入内驱力因素，构建了扶贫移民搬迁的动力机制[④]；刘琴等（2015）分析了推力（体育赛事资源的地区禀赋差）以及拉力（资源主体对利益最大化的追求）的共同作用形成了区域体育赛事合作的动力机制[⑤]；张安民（2017）从旅游供给侧的公众视角，应用推拉理论对特色小镇来源空间生产开展实证研究[⑥]；李秀珍（2009）采用质的研究方法，通过访谈分析总结了韩国学生选择来华留学的多种动力，包括中国经济发展带来的就业机会增加、韩国国内高考压力加剧与就业竞争激烈、具有影响力的他人的劝说与媒体的影响以及想通过留学中国实现自我梦想的个人期待心理等[⑦]。

通过梳理以上研究，不难发现，推拉理论可以用于解释动力机制的子系统，此外，动力机制的形成需要推动力和拉动力，这在大部分学者的研究中已经达成共识，但在这两力之间，往往有中介力量或中介因素的存成，使得推动力和拉动力形成合力，达到整体大于局部之和的系统效应。本动力机制模型的构建还需要探究拉动力和推动力之间的力量。

[①]　胡伟伟、钱铭杰：《基于推拉理论的农村宅基地退出动力机制研究——以河南省唐河县为例》，载《国土资源科技管理》，2015 年第 3 期，第 47 页。

[②]　李扬扬：《关于推进我国农村城镇化发展动力机制的研究》，载《黑龙江对外经贸》，2011 年第 4 期，第 83 页。

[③]　李强、许登云、乔玉成：《中老年人群坚持体育锻炼的动力机制研究——基于推拉理论的实证分析》，载《体育研究与教育》，2015 年第 6 期，第 6 页。

[④]　赖波平：《赣西北山区扶贫移民搬迁动力机制的研究》，载《老区建设》，2009 年第 9 期，第 30 页。

[⑤]　刘琴、于善安、陈赢、姜燕萍：《论区域体育赛事合作的动力机制——基于"推拉理论"的分析》，载《广州体育学院学报》，2015 年第 5 期，第 17 页。

[⑥]　张安民：《特色小镇旅游空间生产公众参与的动力机制——基于推拉理论的整合性分析》，载《绥化学院学报》，2017 年第 11 期，第 13 页。

[⑦]　参见李秀珍：《来华韩国留学生学习适应的影响因素研究》，华东师范大学 2009 年硕士论文。

　　来自黄石国家公园外部环境的推动力和需求的拉动力共同作用于黄石国家公园主体，使黄石的环境教育获得了外部的强劲动力，在推动力和拉动力之间存在着某些因素，使得国家公园环境教育的推动力和拉动力之间形成联系，并相互作用，并在决定黄石国家公园环境教育的功能和路径的过程中发挥着重要作用。

　　通过调研和访谈，发现整个国家公园体系内 NPS 的引导力牵引着非营利组织之间协同，这些引导、协同和驱动系统的存在，使得环境教育的推力系统和拉力系统能够统一起来，促成环境教育实践的开展，因此这些动力系统在环境教育体系的形成过程中起到了促进和导向作用，并使得环境教育进入可持续发展的反馈圈。黄石国家公园内外环境的多种动力要素相互影响，共同构成了黄石国家公园环境教育体系的复杂的动力系统。鉴于黄石国家公园环境教育动力系统具有复杂社会系统的特征，根据美国福斯特教授创立的系统动力学相关理论，从物理学的角度把黄石国家公园环境教育的动力构成划分为推动力系统、拉动力系统、引导力系统、协同力系统和驱动力系统，其中推动力系统和拉动力系统是黄石环境教育的外部动力系统，引导力系统和协同力系统是内部动力系统，驱动力系统属于助动力系统，支撑和驱使黄石的环境教育的蓬勃发展（见图 3-5）。

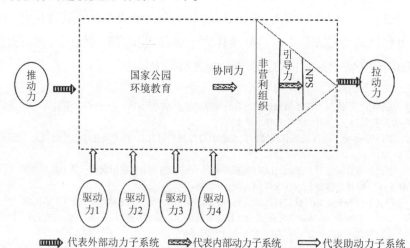

图 3-5　国家公园环境教育动力子系统构成

3.2.3 动力功能（F-Functions）

F 代表英文词语"Functions"，意思是功能。国家公园环境教育各系统要素和动力子系统协调运作，发挥着"规划—实施—控制—反馈"的循环闭合功能（见图 3-6）。

图 3-6　国家公园环境教育动力机制功能构成

3.2.4 动力实现路径（P-Paths）

P 代表英文词语"Paths"，意思是路径。要对国家公园环境教育的动力机制路径进行研究，需要结合公共物品理论对国家公园环境教育的属性进行辨析。

公共物品思想被公认为源于并非经济学家的大卫·休谟，其在《人性论》一书中就探讨了某些对所有人有益的事情，只能通过集体行动来完成。公共物品理论是布坎南（J. M. Buchanan）早年的研究重点，在其著作《公共物品的需求与供给》中将私人物品定义为通过市场制度需求与供给实现，而公共物品则是通过政治制度实现[①]，这一定义主要通过其提供手段来区分[②]。

经济学家们概括了公共物品的 3 个基本特征：效用的不可分割性、消费的非竞争性、受益的非排他性。关于公共物品与私人物品的分类方法，常见的如萨缪尔森的两分法，马斯格雷夫三分法或曼昆提出的四分法——私益物品、收费物品、公共池塘物品、纯公共物品[③]，都反映了学界对公共物品的不

---

① ［美］布坎南著，马珺译：《公共物品的需求与供给（第 2 版）》，上海人民出版社 2017 年版。

② 张琦：《布坎南与公共物品研究新范式》，载《经济学动态》，2014 年第 4 期，第 131 页。

③ 沈满洪、谢慧明：《公共物品问题及其解决思路——公共物品理论文献综述》，载《浙江大学学报》，2009 年第 6 期，第 133 页。

同理解。萨缪尔森将公共物品定义为"每个人对这种物品的消费，不需要从其他人对它的消费中扣除"，广义的公共物品是指那些具有非排他性或非竞争性的物品。

非排他性是指无论是否为该物品的生产付出了费用或承担了成本，都无法排除其他人免费享用这种物品，非竞争性是指任何人对某种公共物品的消费，并不对他人消费这种公共物品的数量和质量产生排斥和妨碍效果[①]，这两个特性构成了公共物品的基本特征，大量诸如公路、公共建筑等基础设施类别的有形的物质产品和诸如国防、政府类别无形的物质产品和服务组成了纯公共物品。准公共物品包括俱乐部物品和公共池塘资源。其中，俱乐部物品没有竞争性，但有排他性，如图书馆、博物馆、公园等；公共池塘资源具有竞争性，但无排他性，如自来水、天然气等。

为避免公共物品供应的"政策失灵"和"市场失灵"，针对不同属性的公共物品，倡导采用不同的供给方式。如纯公共物品，以政府供给和联合供给形式为主，俱乐部物品则采取联合供给和私人供给形式，而公共池塘资源采取政府供给、联合供给和资源供给多种供给方式[②]。第三部门、政府及私人营利性企业三者的协同供给和合作，有利于避免"搭便车"现象和"公地悲剧"。

国家公园的公共物品属性体现在三个方面：一是面向所有社会公众开放，每一个公民都有权利享有国家公园的资源；二是国家公园的生态、经济、文化、景观价值属于全社会公民所有，任何组织、机构或个人都不能独占或垄断；三是对国家公园的可持续性开发要满足国家公民的公益性需求，体现可持续性发展和公共利益为核心的公益价值取向。因此在保护的前提下，除了传统意义上的游憩开发满足人们的休闲需求外，还应该突出科学研究和环境教育的需求，实现公共利益的最大化。

鉴于国家公园的"国""民"属性，其公益性已普遍得到人们的认知，将

① 叶海涛：《生态环境问题的技术化和经济学解决方案批判——以"杰文斯悖论"为中心》，载《江苏行政学院学报》，2015年第6期，第26页。

② 沈满洪、谢慧明：《公共物品问题及其解决思路——公共物品理论文献综述》，载《浙江大学学报》，2009年第6期，第133页。

国家公园作为一类特殊物品进行解析，发现其涉及公共物品的两个类别。首先，国家公园的设立依托于生态系统，如美国黄石国家公园本就属于黄石生态圈的组成部分，该生态系统的存在惠及所有大众，且无论是到访国家公园的游客或访客，还是周边的社区居民，以及国家公园的潜在访客，都不能阻止其他任何人从中受益，且任何人的受益也不会使其他人的受益减少，因此从国家公园依托的生态系统或资源来看，具有非排他性和非竞争性，属于纯公共物品。其次，根据效用价值理论，"效用"即为能满足人的欲望的能力及评价，凡是有效用的物品都具有价值。国家公园多是能代表一国资源稀缺度和丰裕度的保护地，具有审美、科研和生态系统保护及传承等方面的价值，其中为了满足人们多种价值而提供的游憩和环境教育等的产品和服务具有介于准公共物品的属性。游憩活动和环境教育项目都要依托国家公园这一场域发生，且两者之间经常伴生进行，当在一定区域内参与的消费者超过容量时，就会引起体验度降低等问题，也会妨碍到现有消费者的利益，因此其非竞争性是有一个"临界点"的，若超出即会产生竞争性。最后，针对游憩活动和环境教育活动收取费用则会产生排他性，收取的费用来源有二：一是公园的门票，对于没有购买门票的人是排他的；二是游憩活动或环境教育活动产生的费用，对于没有参与的人也是排他的。

公共物品理论帮助我们确定了国家公园环境教育的属性及动力机制路径。作为国家公园的功能和为国民提供的基本产品和服务，国家公园环境教育涉及的公共物品属性决定了产品和服务同样面临供给不足和过度使用等矛盾，从而需要多种途径来调整相关关系以缓解生态系统产品供应不足，限制共同资源的过度开发和使用，解决过度拥挤等问题，减少"搭便车"现象，从而避免出现"公地悲剧"，促进国家公园的保护和可持续发展，体现其"国民所有"和"公益"属性。

鉴于国家公园环境教育这一产品具有纯公共物品和准公共物品的多重属性，因此其主导性供给方式按属性分为政府供给、联合供给和资源供给三种，就决定了其动力机制的路径分为公益性、市场性、公益＋市场混合性三条路径，如图 3-7 所示。

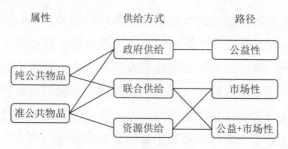

图 3-7　国家公园环境教育动力实现路径图

3.3 结构模型（ESFP-S）

根据相关理论研究得出的理论分析框架以及通过实地调研进行的案例研究，确定了国家公园环境教育动力机制的 ESEP 结构模型图，如图 3-8 所示。这一模型包括动力系统要素（E-Elements）、动力机制子系统（S-Subsystems）、动力功能（F-Functions）和功力实现路径（P-Paths）四个部分。在国家公园环境教育系统之中，人员流、资金流、媒介和组织四大素缺一不可；这四大要素相互作用，构成了动力机制子系统，子系统主要包括内部动力系统、外部动力系统和驱动力系统三部分；在动力系统的共同作用下，派生出这一系统的功能，即规划、实施、控制和反馈功能；最终动力机制的作用通过三条路径实现：公益导向路径、市场导向路径和公益＋市场混合路径。

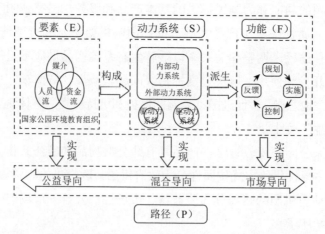

图 3-8　国家公园环境教育动力机制 ESFP 结构模型（ESFP-S）

3.4 机制模型（ESFP-M）

在前述构建的国家公园环境教育动力机制 ESFP-S 模型的基础上，对黄石国家公园环境教育的要素（E）—系统（S）—功能（F）—路径（P）进行了界定和分析，厘清了各要素之间和要素内部的关系，构建了国家公园环境教育动力机制模型（见图 3-9）。

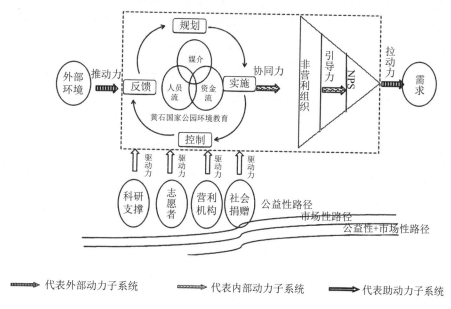

图 3-9　国家公园环境教育动力机制 ESFP 机制模型（ESFP-M）

ESFP 机制模型的突破在于通过案例研究，将国家公园环境教育动力机制子系统（S）解构为推动力系统（P_{p1}）、拉动力系统（P_{p2}）、协同力系统（P_C）、引导力系统（P_G）和驱动力系统（P_D）五部分，其中推动力系统（P_{p1}）和拉动力系统（P_{p2}）是国家公园环境教育的外部动力系统，引导力系统（P_G）和协同力系统（P_C）是内部动力系统，驱动力系统（P_D）属于助动力系统，支撑和驱使国家公园的环境教育的蓬勃发展，五种作用力的合力决定了国家公园环境教育的动力系统，合力的大小决定了动力的大小。

进一步解构，推动力系统主要来自外部环境，拉动力系统来自公园游客或访客的强劲需求，引导力系统来自国家公园管理局，协同力系统来自非营利组织，驱动力系统来自科研支撑、志愿者、营利机构和社会捐赠。在这一动力机制子系统内部，是系统要素的流动，人员流、资金流、媒介在组织的作用下进行流动，使得国家公园环境教育系统良好运作，发挥着"规划—实施—控制—反馈"这一闭合的功能体系，并且循环往复。整个动力机制子系统、动力系统要素和功能形成了强大的动力，如汽车动力系统一般，推动国家公园环境教育沿着公益性、市场性以及公益＋市场混合路径平稳前进。

这一机制模型的构建是在 ESFP–S 模型构建的基础上基于以黄石为代表的美国国家公园环境教育动力机制 ESFP 的细化研究结论，将用于在黄石与普达措之间进行的对比研究，从而发现普达措环境教育动力机制的"短板"，为中国国家公园环境教育的实践的开展提供理论依据和分析框架。

第4章 黄石和普达措环境教育动力 机制 ESFP 模型对比分析

本章运用动力机制的结构模型（ESFP–S）和机制模型（ESFP–M）对黄石和普达措这两个具有典型意义的国家公园环境教育的动力机制进行对比分析，进而揭示普达措国家公园动力机制的短板，为其动力机制的构建提供研究基础。

如前所述，ESFP 结构和机制模型的建构以及关于黄石国家公园环境教育动力机制的研究是基于笔者美国一年的访学和调研实践基础，对普达措国家公园的一手数据也是来自实地田野调查。为厘清中国国家公园环境教育的动力机制，笔者从 2014 年就开始关注这一研究范畴，为此专门在 2015 年 8 月参加了中国植物园联盟在西双版纳热带雨林植物园开办的为期 15 天的环境教育研究与实践高级培训班，并先后多次深入普达措国家公园进行实地调研。本章以定量和定性研究的方法对黄石和普达措两个国家公园环境教育的动力机制运用 ESFP 结构和机制模型进行对比分析。

本章研究资料主要来源于通过访谈和观察法获得的一手数据，并通过问卷调查收集了资料，进行定量分析。通过访谈，了解两个国家公园从建立之初到现阶段的历史演进状态，其开设的环境教育项目以及资金、人员和管理运营系统的支撑力量，剖析其环境教育的效果和质量。观察法是社会学、民族学和人类学研究中的常用质性方法，根据观察者融入情境的差异，观察法可分为参与式观察法（Participant Observation）和非参与式观察法（Non-

Participant Observation)[①]。为完成本研究，笔者在研究初期，以普通游客的身份参加到公园的环境教育活动中，进行隐蔽式参与观察，对公园目前开展环境教育涉及的要素进行了研究；同时，随着研究的深入进行以及中美对比研究的需求，依托导师主持的课题，多次以志愿者和研究者的身份加入普达措国家公园环境教育活动的规划、设计、实施和反馈中。

4.1 基本情况的对比

4.1.1 发展时间对比

黄石国家公园建成于 1872 年，此时国家公园理念只是一个雏形，公园的管理机构也直到 1916 年才成立，而官方的环境教育项目从 1920 年才开始确立，环境教育的内涵随着环境运动的兴起直到 20 世纪 70 年代左右才形成共识，可以说无论是国家公园的发展还是环境教育的发展在当时历史进程中都处于蒙昧探索阶段。黄石的环境教育动力机制在不断探索的进程中逐步调适，并发展至今。

普达措国家公园试运营始于 2006 年，到 2015 年被列入首批十大试点国家公园之一，从公园试运营开始，就引入了国家公园建设模式和环境教育理念。但是在中国长期自然保护区这一保护模式为主的发展理念下，对公园的可持续发展利用理念并没有寻求到因地制宜的路径，加之环境教育在中国的发展直到 21 世纪初才被赋予了全方位的现代意义，且以自然教育和营地教育等教育形式为主，类似于美国 20 世纪 30 年代以前环境教育发展的萌芽时期。

普达措与黄石相比无论是国家公园理念还是环境教育发展的都有近百年的时间差距。今天普达措国家公园环境教育的发展阶段类似于黄石的初期发展阶段，面临着很多相似的历史机遇，但也正是近百年的时间差距，国际丰富的经验得到了积累，可以因地制宜地为我所用。

---

① 蔡宁伟、于慧萍、张丽华：《参与式观察与非参与式观察在案例研究中的应用》，载《管理学刊》，2015 年第 4 期，第 66 页。

4.1.2 发展情况对比

黄石环境教育发展至今，已经经历了百余年的探索，形成了成熟的多元化的环境教育协作机制，公园环境教育的目标、体系和协作伙伴关系的发展都已经成了美国国家公园环境教育的模板，美国国家公园体系内环境教育的运作和管理模式都可以通过黄石进行管窥。

鉴于黄石国家公园和普达措国家公园面临的历史境遇的不同，且国家公园发展的阶段不同，普达措国家公园仅走过了10余年的自下而上的探索之路，被列入国家公园试点也仅仅三年，还没有完全获得国家层面的认可，无论是国家公园还是公园内环境教育的开展还处于发展的初期阶段。

4.2 结构模型（ESFP–S）对比

借鉴第 3 章中根据理论研究和黄石的案例研究所推理出来的结构模型（ESFP–S），将普达措与黄石进行对比研究，可以得出普达措国家公园环境教育的 ESFP–S 结构模型（见图 4-1）。

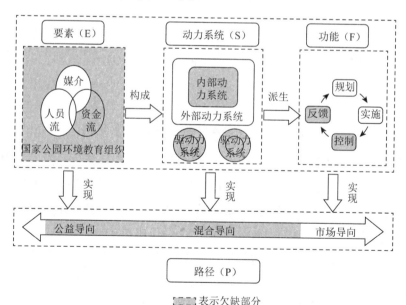

表示欠缺部分

图 4-1　普达措国家公园环境教育动力机制结构模型（ESFP–S）

　　图中阴影部分即为普达措国家公园环境教育欠缺的部分，与黄石国家公园相比，尚处于试点阶段的普达措已经具有了环境教育动力机制的雏形，其要素（E）—系统（S）—功能（F）—路径（P）已经开始发挥动力效能，国家公园的环境教育功能在实践中有所显现，但是，系统要素中资金流和环境教育组织欠缺，动力系统中内部动力系统和驱动力系统不足，动力功能不具有反馈和控制功能，路径缺少公益导向和混合导向路径，整个结构模型的残缺不全出现了短板效应，使得普达措国家公园这个环境教育大教室内出现了少有学生、少有教师、少有教材、少有教育机构的"一有四少"的局面。

4.3 机制模型（ESFP-M）对比

4.3.1 动力系统要素（E-Elements）对比

4.3.1.1 黄石系统要素（E-Elements）

（1）人员流。黄石国家公园环境教育动力机制的人员流主要包括环境教育的施教者和受教者两方面（见图4-2）。

图4-2　黄石国家公园环境教育人员流

　　①施教者。施教者除了传统意义的教师之外，还包括传递默会知识的相关人员。在黄石国家公园内，主要由巡护员、志愿者以及各机构和组织的工作人员组成。而黄石国家公园内最有特色的环境教育施教者主要是巡护员和志愿者。

　　身着绿色军装式制服和西部牛仔大檐帽的巡护员是国家公园内一道亮丽的风景线，其绿色制服版本最早源自军人制服。1872年公园成立之时，国家公园管理局并没有成立，加之经费、管理以及保护的严重匮乏，公园一时之间陷入了偷猎者、文化破坏者和土地擅自占用者的天堂，各种破坏黄石生态系统的现象层出不穷。于是在 1880 年，时任公园园长 Philetus W. Norris 聘请了 Harry Yount 作为公园的首位巡护员（见图 4-3），当时其职责仅仅是保护黄石的野生动植物，不具有环境教育任务，由于偌大的黄石仅有一位看护者，其在 1 年后就辞职了。

图 4-3　Harry Yount（第一位巡护员）在巡护工作中 ①

1886 年，美国军队进驻公园对黄石进行管理和保护，这一进驻就持续了 32 年，并在这一过程中，由进驻公园的军人为游客提供了"不太专业的"解说服务，使得巡护员制度延续了下来。1918 年，国家公园管理局成立两年之后，管理权移交给国家公园管理局，而巡护员制度沿用至今。

现在的巡护员（ranger）是黄石国家公园内的正式工作人员，属于联邦政府的工作人员，相当于我国的公务员，他们除了提供解说和教育服务外，也担负着生态保护、疏通交通、处理突发事件、引导环境项目活动等多项责任，被认为是国家公园管理和环境教育开展的关键因素。随着公园功能的发展，这一职业的职责范围不断扩大，开始出现不同工种的巡护员，现在主要是解说巡护员（interpretive rangers）和保护巡护员（protection rangers），具体区别见表 4-1。

---

① 照片翻拍自国家公园巡护员博物馆（Museum of National Park Ranger），翻拍日期为 2016 年 8 月 16 日。

表 4-1　黄石国家公园巡护员分类

巡护员类别	职责	工作区域	开展项目
解说巡护员（interpretive rangers）	通过解说促使人们和公园产生联系	游客中心、公园游道、露营地等不同场所，以及解说项目、巡护员演讲、青年项目等不同类型的活动中	巡护员演讲（ranger's talk） 巡护员引领的徒步项目 少年巡护员项目（Junior ranger） 网上少年巡护员项目（Web ranger） 巡护员项目 App 社区环境教育项目
保护巡护员（protection rangers）	消防、生态保护、疏通交通、处理突发事件职责，具有执法权，可以依法配枪	公园各处	消防 自然资源保护 文化资源保护 突发事件处理

作为国家公务员系列的巡护员承担的环境教育项目不仅是针对入园游客和网上访问者，在冬季公园大部分区域封闭期间，巡护员们会深入周边社区特别是社区小学，开展环境教育活动，也因此和周边社区形成了良好互动关系。而巡护员这一形象也成了国家公园的重要标识，其大檐帽、绿色制服和NPS肩章都代表着国家公园形象。

就志愿者而言，目前整个美国国家公园体系的永久雇员只有 15828 名，平均到每个国家公园单位，不到 400 名正式工作人员。人员的短缺一直都是国家公园管理局面临的问题。大量志愿者通过各种途径参与到国家公园的运营和管理中，对国家公园环境教育的开展和控制起到重要作用。黄石国家公园每年都要招募很多临时员工或志愿者，以弥补其资金和人力的不足，志愿者作为国家公园服务和管理中重要的人力资源，为国家公园的管理和环境教育提供了强大支撑。正如曾任职国家公园管理局局长的 George B. Hartzog 所说的："当一名'公园内的志愿者'愿意为国家公园管理局奉献其才智、技能和兴趣的时候，他正在向我们致以最崇高的敬意，因为他向我们提供了其最宝贵的财产——他的时间。"

黄石国家公园的志愿者来源广泛，包括来自大学和科研机构的志愿者和其他社会志愿者两大类，其中既有在读学生、青少年、小家庭和社会组织成员，还有白发苍苍的老人，老人主要来自科研机构和高等院校的退休教授和前巡护员等，在其志愿奉献过程中，志愿者感受到自己就是公园管家和守护者①，而根据公园的志愿者招募规定，只要人们愿意，国际游客也可以加入志愿者队伍中，参与到公园的看护和保护活动中。1969 年国会通过《公园志愿者法》（*Volunteers in the Park Act*），鼓励普通民众参与国家公园的部分管理事务，包括保护公园的资源及其价值等，为游客提供公园学习与体验机会②。志愿者可以通过多种途径参与：一是向国家公园管理局直接申请，二是通过中介组织申请，主要是国家公园基金会或者其他非政府组织。其中非政府组织是国家公园管理局获得志愿者的主要渠道③。

此外，国家公园管理局还从 20 世纪 70 年代开始发起了"公园内的志愿者项目"（Volunteers-In-Parks program），招募各种类型的志愿者，包括一次性项目和长期项目志愿者，鼓励志愿者奉献其技能和时间。最初这一项目只有几百人参加，发展至今天，一共有 246000 人参加，相当于国家公园管理局增加了 3200 位额外的员工为其奉献时间、技能和才能④。志愿者们活跃在公园内外的各个岗位之上，扮演着生态环境的保护者和保育者、国家公园历史和生态系统的解说者等重要角色。

②受教者。受教者即公园环境教育的接受对象，所有进入国家公园的游客都是环境教育的受教者，在不知不觉或有意识的参与活动中，受到了环境教育的熏染。众所周知，美国地广人稀，国土面积 983.4 万平方公里，与中国面积相当，但人口仅有中国的 1/4 左右，约为 3.2 亿，而 59 个国家公园散布在美国的 50 个州，且大都分布在美国的中部和西部。加之气候条件的差异，各个国家公园的开园时间不定，且每个国家公园的不同区域开放状况也会因时而异，如黄石国家公园一般在 5—10 月全园开放，具体日期根据天气状况每年不一，而在冬季仅开放北门区域；所有国家公园内的住宿设施（包括酒店和露营地）的预订仅通过公园官方网站或电话预订，因此游客在规划公园的行程之前都会利用国家公园的官网查询相关信息，或利用

---

① 王连勇、霍伦贺斯特·斯蒂芬：《创建统一的中华国家公园体系——美国历史经验的启示》，载《地理研究》，2014 年第 12 期，第 2407 页。

② 同①。

③ Kindberg J，Ericsson G，Swenson J E. "Monitoring rare or elusive large mammals using effort-corrected voluntary observers". In *Biological Conservation*，2009，142（1）.p.0–165.

④ 资料来源：黄石国家公园官方网站 http//: www.nps.gov。

Facebook、YouTube 等社交网站关注实时信息。而在官网上和社交网站（包括 App）上，各种环境教育活动和素材的信息实时更新，使得游客在未入园之前，通过网络就同公园建立起了联系，在不知不觉中就接受了环境教育。而在参观访问中，无论是入园时免费赠送的导览手册还是各游客中心的展览陈设及形式多元的活动，都渗透着环境教育的因子，浸染着每一位入园游客的心灵。

除此以外，国家公园环境教育的受教者还针对 K-12 学生 ①、大学生和未曾到过公园的民众等，进行了不同教育体系的设计和安排。

K-12 的学生是国家公园环境教育的主要对象，国家公园管理局专门针对不同年龄段的学生设计了在不同公园内的环境教育课程包，放在各公园的网站上，供教师和其他教育者免费下载使用。此外，还开设了有针对性的课程，如北瀑布国家公园开设了山地学校（Mountain School），主要针对周边 5 年级以上学生进行，时间 3~5 天，将环境教育和学校教育结合，由学校老师和巡护员及非营利组织的工作人员共同按不同教育目标开展相关课程，上课时间计入学校常规教学时间。

大学生既是志愿者的主体，也是环境教育的受教育对象，其参与国家公园环境教育志愿活动的过程，本就是一次受教育的历程。

从 20 世纪 90 年代中期开始，美国环境保护署（United States Environmental Protection Agency）开始关注环境教育方面未能参与的民众（under-servered audience）。对于这一类别的受教者，国家公园的解说部工作人员会主动进入社区，组织环境教育相关的讲座和开展与国家公园主题一致的教育活动。

（2）资金流。笔者还未深入美国之前，就多有听闻"美国的国家公园体系由国会直接拨款，加之特许经营和门票收入都收归公园自身所用"，因此国家公园不缺运营和开展环境教育活动的资金，然而，通过实地调研发现现实并非如此。美国只有 1/3 的国家公园需要购买门票进入，大部分施行免门票

---

① K-12 教育是美国基础教育的统称。"K-12"中的"K"代表 Kindergarten（幼儿园），"12"代表12 年级（相当于我国的高三）。"K-12"是指从幼儿园到 12 年级的教育，因此也被国际上用作对基础教育阶段的通称。

制度，所收取的门票费也仅是停车费，只针对以机动车方式进入的游客收取，以非机动方式进入黄石等国家公园的概不买票，大多数国家公园实现低门票或免门票制度，如黄石国家公园针对进入公园的自驾游客按车收取门票费用，每辆家庭用 7 座及以下小轿车仅收取 25 美元的门票费，可以自由出入公园 7 天；北瀑布国家公园属于免门票制度。还有一种"国家公园年票"，仅售 80 美元，一年之内可以在国家公园体系内 401 个单位使用，仍然是针对每车收费，且每张年票上可以写两个名字，即每张年票实际使用人是两人，只要年卡上签名的人到场（需核对签名和身份证件），其同车乘客均可免费进入，也就是一张国家公园年票可以供最多 10 人使用一年。而根据国家公园管理局的统计，其每年收入的 80% 用于人员支出，加之特别是从 20 世纪 70 年代开始，联邦政府开始削减对黄石国家公园的拨款，以至于 20 年之后，黄石国家公园的资金缺口达到了 50 亿美元[①]，因此，靠公园自身的资金流对于公园维护来说都是杯水车薪，更不用说环境教育开展所需的大量科研项目支撑资金以及项目本身所需的活动资金。

　　通过访谈，运用主题框架分析法总结出黄石国家公园开展环境教育的资金主要来自六部分，见图 4–4。

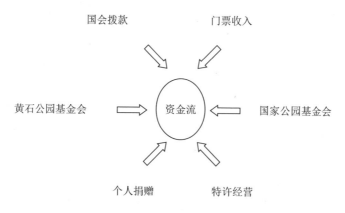

图 4–4　黄石国家公园环境教育资金流

---

　① 郑敏：《美国国家公园的困扰与保护行动》，载《国土资源情报》，2008 年第 10 期，第 54 页。

①基础资金——国会拨款和门票收入。国家公园作为社会公益事业，维持公园运营和管理的基础资金主要来自国会拨款和门票收入两部分。其中，国会拨款每年约有 20 亿美元，主要用于保护管理。如前所述，虽然实行门票收费制，但收费很低，且征收受到严格限制。实现收支两条线管理，门票收入全额上缴联邦财政，国会按一定比例返还，且返回资金必须全部用于基础设施建设和维护。

国会拨款和门票收入一直是国家公园的主要资金来源，法规对政府预算对公园的资金供给提供了保障，美国有 24 部联邦法律，62 种规则、标准和执行命令进行支持，确保了国家公园主要的资金来源[①]。公园的设施设备在资金的支持下得到了极大的改善，如从 1996 年开始，作为一个试点项目的一部分，黄石国家公园被批准提高其门票费用，并可以将 80% 的费用用于公园的项目，而在此之前，公园门票费并不能专门用于为公园项目提供资金，这就大大增加了对公园项目的投资。2004 年，美国国会通过“联邦土地娱乐促进法案”（*Federal Lands Recreation Enhancement Act*），将这一计划延长到 2015 年，使得国家公园的环境教育项目获得了资金上的有力保障，如著名的大峡谷国家公园的游客教育中心得以改造，露营地也得以升级，促进了公园对珍贵文件的保存和对野牛的相关研究，为环境教育提供了有力的保障。近些年来，随着社会捐赠机制的成熟以及遗产资源的重要性和高关注度逐渐显现，社会捐赠资金显著增多，也大大减轻了联邦政府的财政负担[②]。

②专项资金——国家公园基金会和黄石公园基金会。每个国家公园都会选择环境教育的合作伙伴，黄石国家公园的合作伙伴是黄石公园基金会（Yellowstone Park Foundation），除此以外，国家公园基金会（National Park Foundation）为全国国家公园单位提供资金，通过基金会募集了大量资金，其中大部分用于环境教育和解说项目。

早在 1935 年国会就认识到私人捐赠的重要性，并成立了国家公园信托基金委员会（National Park Trust Fund Board）管理捐赠，这一组织在 1967 年被国家公园基金会所取代。基金会最初的资金来自洛克菲勒（Laurance

---

① 苏杨：《美国自然文化遗产管理经验及对我国的启示》，载《世界环境》，2005 年第 2 期，第 36 页。
② 周武忠：《国外国家公园法律法规梳理研究》，载《中国名城》，2014 年第 2 期，第 39 页。

Rockefeller）捐赠的 100 万美元，并在其后的半个世纪以内，筹措到 7 亿美元用于国家公园体系。20 世纪 80 年代后，随着联邦政府对捐赠重视程度的加深，基金会变得更为活跃，也与其他慈善组织一起进行募集资金的活动。仅 2016 年一年，基金会就获得了超过 1 亿美元用于 302 个公共土地，帮助建立了 4 个新的国家公园和保护了 9 个公园内的 89000 英亩地，并吸引了 130 万新的捐赠者。国家公园基金会与国家公园管理局合作，通过私人支持、保护国家的遗产和激励未来几代国家公园爱好者，丰富了美国的国家公园和项目。基金会还从 2015 年 3 月 30 日开始，发起了"发现你的公园"的活动，通过活动唤起人们对公园的认知，并通过环境教育将来自不同背景的人们联合起来支持美国的国家公园以及其开展的各种项目。

黄石公园基金会是黄石公园的官方融资伙伴，属于非营利组织。创建于 1996 年，其宗旨是保护、保存和加强黄石国家公园。通过与国家公园管理局合作，为黄石公园的保护和提升黄石公园的自然文化资源和游客体验的项目提供资金。在黄石国家公园中，很多项目超出了管理局的财务能力，黄石公园基金会主要依靠私人、基金会和合作者提供的资金，为重要项目和工程提供资金保障。基金会通过商业运作获得资金，其在黄石公园拥有 11 个教育商店，每年销售总额超过 490 万美元。从其成立开始，一共为黄石筹措了超过 1 亿美元，成功地资助了超过 325 个公园项目。

③补充资金——特许经营收入和个人捐赠。1965 年通过的《特许经营权法》中规定"允许私营机构采用竞标的方式，缴纳一定数目的特许经营费，以获得在公园内开发餐饮、住宿、河流运营、纪念品商店等旅游配套服务的权利"，国家公园本身不能从事营利性商业活动，以特许经营方式面对全社会公开招标。1985 年美国进一步加大了特许经营的力度。目前黄石国家公园内盈利的项目通过特许经营进行运营，提供了大量收入用于环境教育。如黄石国家公园内的住宿接待经营权主要特许给 Xanterra 公司，特许经营收入为国家公园提供了 20% 左右的运营经费。

在国家公园管理局成立之前，整个公园体系就获得了私人的捐赠。1907 年 William Kent 夫妇在加州捐献的土地上就建立了缪尔树林国家纪念碑（Muir Woods National Monument），1916 年 George B. Dorr、Charles W. Eliot 和 其他人一起捐赠了一块土地给国家，并在这块土地上建立了修道院国家纪念碑（Sieur de Monts National Monument），后来在此基础上成立了阿卡迪亚国家公园（Acadia National Park），诸如此类的捐赠行为开创了通过慈善捐赠成立或扩大公园的先河。国家公园的第一任管理局局长 Stephen T. Mather，在担任局长之前就开始捐赠大量私人财产以支持公园的运作和管理，其成为国家公园首任局长的故事至今被广为传颂。1913 年，他向内政部长写信描述了在红杉国家公园和优胜美地国家公园中的糟糕状况，很快就收到了回信。信中写道："亲爱的斯蒂芬，如果你不喜欢国家公园现在的运营方式，那你就来华盛顿自己运营吧。"1915 年，他和其他捐赠者一起，斥资 15500 美元购买了私人拥有的 Tioga Road，并捐给了优胜美地国家公园，1916 年他又号召几条西部铁路公司一起，共同出资 4.8 万美元出版了"国家公园作品集"（National Parks Portfolio），通过该作品集的出版，成功地宣传了国家公园，并帮助说服国会成立国家公园管理局，将国家公园和纪念碑等保护地纳入统一的管理体系中。成为国家公园管理局长之后，他也不断通过慈善捐赠行为，壮大国家公园的力量。其在 1920 年捐赠了 25000 美元用于在优胜美地国家公园建立"巡护员俱乐部"。

私人的慈善制度推进了国家公园的建立和国家公园管理局的成立。在国会对公园常规性拨款制度建立之前，或者征地需求超过拨款额度的时候，私人捐赠对国家公园体系的建立就起了很大作用。随着国家公园的发展，公园规划、发展、管理和环境解说方面都获得了很多私人捐赠。在创建和扩建国家公园的过程中，实业家约翰·D. 洛克菲勒至少捐赠了 4500 万美元用以购置私有土地，如黄石国家公园南门至大提顿公园的道路就是由洛克菲勒捐给国家公园管理局的，以有利于整体管理；同时还通过捐款，修建了一批公园博物馆。通过捐赠，不仅筹集到资金用于国家公园的建设和项目开展，而且在公园和其支持者之间建立了联系，让人们觉得除了税收之外，其志愿捐赠的行为对其自身的福利也产生了良好影响。

（3）媒介。国家公园环境教育的媒介是施教者和受教者之间的桥梁，通过媒介使得环境教育的理念得到推广，促使亲环境行为或环境负责行为的发生。黄石国家公园主要通过解说和教育服务实现公园的环境教育功能，其服务主要以环境教育为前提，为游客提供有意义的学习娱乐体验，从而倡导人们认识公园、走近公园、了解公园、热爱公园和保护公园。其开展的环境教育项目主要分为非人员解说和教育项目以及人员解说与教育项目两种类型。

一是非人员解说和教育项目。非人员解说和教育项目主要是指没有公园员工和其他组织的工作人员等施教者参与引导的教育活动，主要通过静态的陈列、展示、指示牌、文字、图片、印刷物等媒体性设施为游客提供相关解说和教育服务。这一解说形式虽然欠缺双向交流性，但由于黄石国家公园面积广大，有很多人迹罕至的区域，即使是自驾车走完传统的"8"字游览线路也需要至少两天时间，因此很多地段采用了非人员解说和教育形式，以达到直观有效的形式。

解说牌：作为最常见的静态解说和教育形式，在黄石国家公园内随处可见，分为指示警示和环境教育两大类。指示警示类主要是对游客做出方向和服务设施方面的引导，并提醒游客注意自身行为管理和规范，以避免不恰当的行为与野生动物的活动发生冲突而带来危险，或者对周边生态环境造成破坏。整个公园内的解说牌一是规范统一，都是采用统一的规划设计风格；二是数量众多，几乎遍布公园内每一个游客可能到达的地点；三是注重与周边生态环境的协调性，尽量采用环保材料。

游客中心的展示：通过调研，发现黄石公园内共设有 9 个游客中心，在黄石西门外还设有一个信息中心。游客中心和信息中心是公园的主要信息枢纽，大多设在游客集中的区域和住宿区，是公园的主要信息中心，提供公园的游览和活动信息，并会提供展览、电影、演讲等多种形式的环境教育项目。游客中心的开放时间是 5 月至 9 月，因为天气原因，在 9 月到第二年 5 月末会缩短开放时间。但只要游客中心开放，前往公园的游客都会选择其游览线路上的游客中心作为必游之地。对于大多数游客而言，游客中心不仅是其获取公园信息的首选，更是深入了解公园价值和意义的有效途径，每个游客中心其解说的主题和重点各不相同，详见表 4-2。

表 4-2　黄石国家公园游客中心情况

序号	名称	展示内容	地理位置	开放时间
1	Albright 游客中心（Albright Visitor Center）	提供公园信息，设有一个书店，主要展示野生动植物	Mammoth 温泉附近，也是公园总部所在地	全年
2	老忠实游客教育中心（Old Faithful Visitor Education Center）	公园巡护员解说和预测间歇泉爆发情况，主要展示公园的地热特点、极端环境里的生物、火山地质以及相关科学研究，提供大量人员解说和教育服务	老忠实泉边	夏季和冬季
3	峡谷游客教育中心（Canyon Visitor Education Center）	滚动播放一部关于黄石公园地质学的电影《黄石公园：土地到生命》，展示关于公园地质的模型和实时地震数据	峡谷村综合服务区	5月至9月末
4	格兰特村游客中心（Grant Village Visitor Center）	展示1988年黄石火灾的故事，定时放映一部关于1988年火灾的电影	黄石湖的西岸	5月末至9月末
5	钓鱼桥游客中心（Fishing Bridge Visitor Center）	国家级历史地标，建于1932年，展示黄石的鸟和其他野生生物	钓鱼桥旁边	5月末至9月末
6	诺里斯间歇泉盆地博物馆和信息中心（Norris Geyser Basin）	国家级历史地标建筑，主要展示间歇泉、温泉、泥巴泉和蒸汽口	诺里斯间歇泉	5月末至9月末
7	国家公园巡护员博物馆（Ranger's Museum）	展示国家公园管理局的巡护员历史	Norris 露营地	5月末至9月末
8	麦迪逊信息中心/少年巡护站（Madison information center/Junior Ranger Station）	提供公园信息及少年巡护员活动	麦迪逊野餐区的麦迪逊交叉口	5月末至9月末
9	西姆指联系中心（West Thumb）	提供公园信息，并设有一个书店，夏季是公园组织的解说、徒步和交流活动的聚集地点	西姆指温泉附近	5月末至9月末
10	西黄石游客信息中心（West Yellow Stone Vistor Information Center）	公园的主要游览和活动信息	西黄石（黄石公园西门外）	4月中旬至11月

资料来源：笔者实地考察整理。

印刷物：主要包括公园印刷的报纸，为游客提供游览地图、安全信息、公园设施设备信息、活动参与信息、环保措施等，可以在公园入口处和各游客中心领取，也可在官方网站下载。此外还有折叠小册子，多是彩图印制，对公园相关的自然和人文资源进行解说和介绍，并提供游览和徒步旅行的地图和交通信息。

视频：一些专业的视频在黄石国家公园滚动播放，也加强了游客对公园的了解。如在格兰特村游客中心会定时放映一部关于 1988 年黄石火灾的电影，在老忠实游客教育中心会根据环境教育活动安排的需要，放映不同主题的视频。通过视频这一直观形象的手段，更好地增强游客对公园的了解。

网站、社交网络和 App 软件：游客可以通过黄石国家公园的官网，了解各种信息，特别是道路状况、各服务设施的开放时间、公园各种活动等，以有计划地安排和参与在黄石的各种活动。此外，黄石国家公园也在接受度最高的社交网络——Facebook 和 Twitter 上注册了账户，通过官方账户实时更新公园的相关信息。公园还开发了自己的 App 软件，主要提供公园的自然和人文资源信息，以及游客中心和相关配套设施和服务的信息和黄石间歇泉软件（包括六大间歇泉喷发时间预测、间歇泉喷发和预测原理等内容），游客也可在线观看间歇泉的喷发情景。通过现代技术手段，一是为前往公园的游客提供相关咨询和服务，二是使不能到达的人们也能加强同公园的联系。

二是人员解说与教育项目。相比较而言，人员解说与教育形式更为强调交流的双向进行和互动性，也对这一形式的组织和引导者提出了更高要求。目前公园开展的项目主要包括以下几种。

巡护员项目：这一项目主要在黄石公园游客中心、信息中心和露营地开展，通过由国家公园管理局的正式职员（Staff）和志愿者（Volunteer）为主开展的巡护员项目，引领游客参与到徒步、演讲、电影放映等缤纷多彩的环境教育活动中，更深刻地感受黄石的自然和文化氛围。很多游客延长在黄石公园停留的时间和数次重返黄石国家公园，都是为了参加丰富多彩的巡护员项目。其中最广为人知的是巡护员演讲和巡护员引领的徒步项目。

少年巡护员项目：主要针对 5~13 岁的孩子进行，其口号是"探索、学习、保护"（Explore, Learn, and Protect），通过完成一系列的在公园内的任务，并将任务完成结果与公园的巡护员分享，然后获得公园颁发的少年巡护员肩章和证书。通过这一项目，为青少年参与到国家公园管理局"大家庭"提供了机会。随着网络和自媒体时代的到来，这一项目也推陈出新，开发了"网上少年巡护员项目"（Web ranger）和巡护员项目 App。据统计，2017 年有 80 万青少年参与了这一项目。为推广这一项目，公园管理者甚至还设置了主题曲，名字就叫《探索、学习、保护》。

"将公园作为教室"项目：这一项目主要针对组织性的团体开展，包括一系列项目资源。

①课程资源（Curriculum Materials）：提供了在黄石国家公园进行科学、社会研究和语言艺术教学的课程资源，包括课程设计和教学资源等，一共有 28 个课程资源，每个课程包内包含课程类型（主要是学生活动和课程计划两种类型）、适用年级（幼儿园到成人大众都有）、课程主题、课程持续时间（从 20 分钟至最长的可以到一年）、课程环境（室内、室外）、人数限制、课程的过程及相关课程表格、图表和资源包都有详细规定。学校教师可以根据学生的年龄、班级大小等拿来直接用于教学，并尽力让学习过程生动有趣。

②实地考察（Field Trip）：带领学生或成人在黄石国家公园进行实地考察，公园巡护员也会参与带领团队进行"巡护员引领的活动"，实地考察的主题包括地质学、间歇泉、野生物或军队历史等。参与这一活动需要提前三周进行预约，同时可以申请门票费用减免。

③协会和在地学校引导的项目（Institutes & Field Schools）：开设一些关于黄石的自然和人文历史的课程，并对影响大黄石生态系统的现实问题进行相关调查，以促进对公园的管理和保护。具体包括以下活动：a）黄石永远协会（Yellowstone Forever Institute）组织的活动：通过聘请相关领域的专家（如生物学家、作者、艺术家、自然学者等），与参加者一起开展主题活动。目前主要吸纳针对中学生和大学生团体参与"青年和大学生项目"，课程内容包括狼、间歇泉、滑雪等相关课程，主要目的是培养公园未来的管理者。b）远征黄石（Expedition Yellowstone）：是以课程为基础的项目，一般持续 4~5 天，主要对象是学校老师和其带领的 4~8 年级学生，学生参与者与老师或家长一起参与徒步、田野调查和相关讨论，通过户外的直接体验进行学习。c）远程学习（Distance Learning）：为不能带领学生去到黄石公园的老师提供课程资源和素材的支持，让其有机会带学生进行与黄石相关的科学、数学和社会研

究。主要通过电脑和 Skype、Google Hangout、FaceTime 等相关视频软件远程进行，与黄石国家公园的巡护员进行网络连接，进行地质、生物或文化历史及国家公园管理局的保护使命的相关学习，如学生参与者可以通过访问一位公园巡护员对其职业加深了解，公园巡护员将根据学生和老师的需要提供 20~40 分钟的在线服务。

（4）组织。黄石国家公园环境教育的组织机构主要由"国家公园管理局＋非营利组织＋其他机构"三部分构成。首先，国家公园管理局是黄石国家公园最直接的管理部门，通过其下设的华盛顿解说和教育办公室及哈珀斯·费里中心的解说规划部门对公园环境教育进行统一管理。这两个部门主要负责与环境解说相关的规划、政策和行动指南制订等。每个国家公园单位在其统一管理和指导下，通过公园员工、地方政府、哈珀斯·费里中心和特许经营商等的协同合作，制定并执行公园自己的综合解说规划。其次，黄石国家公园在环境教育项目的实施运作和资金筹措方面主要通过其合作伙伴——黄石永远这一非营利组织进行。黄石永远通过其在公园内开设的教育商店以及支持者计划系列项目，对公园环境教育在资金和项目运作方面提供了强有力的支撑。最后，以公园内的特许经营商为代表的其他机构在运营中也需要遵循和宣传相关环境教育理念。通过三个层次的组织机构，形成了黄石国家公园环境教育良好运作的协同组织机制（见图 4-5）。

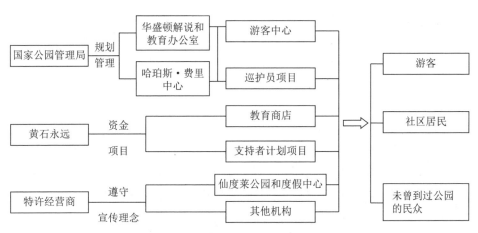

图 4-5　黄石国家公园环境教育运行协同组织机构

4.3.1.2 普达措系统要素（E-Elements）

（1）人员流。相较于黄石国家公园的人员流，普达措国家公园呈现单一的形式，施教者主要是公园内部的解说员和其他机构工作人员，受教者主要是公园参观者，目前公园的参观者以大众旅游者为主（见图4-6）。

图4-6　普达措国家公园环境教育人员流构成

①施教者。目前，普达措国家公园的施教者主要是公园内部的解说员和外来机构的工作人员。普达措国家公园经营方为普达措旅业分公司，公司下设置的主要部门如图4-7所示。

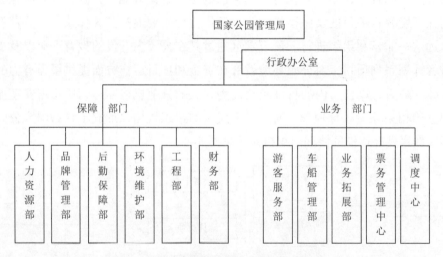

图4-7　普达措国家公园经营管理组织构架

就公司的组织架构而言，各部门主要围绕游憩功能的实现和保障，而对于环境教育功能的体现，则归属于游客服务部，其是"游憩功能的保障部门以及环境教育的宣传部门[①]"，侧重于宣传而非实施环境教育项目，其核心职能中也只有"解说"这一职能能归属于环境教育范畴，但仅有解说难以支撑

---

① 唐立洲：《普达措国家公园管理模式研究》，云南大学2016年硕士论文。

庞大的环境教育体系。从实践来看，现有环境教育解说的施教方面临的瓶颈：一是解说人员的严重不足，普达措旅业分公司的正式员工中有解说员这一岗位，有员工 20 余名，主要在游客中心的展示大厅和环保车上提供人员解说服务。每年 7—8 月暑假的旺季，还有西南林业大学和省内院校旅游管理专业和外语类专业的学生以实习的形式参与到解说工作中，但还是无法满足一车一解说员的基本配置要求，不得不以播放导览视频的形式代替人员解说。二是解说的专业性亟须提高。对解说员的培训还是以导游讲解为主，侧重于导游基本技能和基本知识点的讲解，现有的解说词主要是对来访游客的行程进行引导，突出对景观的观赏，而对公园内独特生态系统的解说深度和广度都欠缺，鲜有能对公园特有动植物资源或文化进行深入解说的解说工作人员。

普达措国家公园作为重要的生态系统保护地，有着许多独特的环境教育资源，也吸引着外来机构组织人们进入公园开展具有环境教育意义的旅游活动。通过访谈了解到，当地最大的香格里拉旅行社就曾经在公园内的树海旅馆附近多次组织环境教育活动，参与者晚上在旅馆附近安营扎寨，白天在专业人士的带领下去赏花观鸟，但这种活动在历时半年后就戛然而止，旅行社总经理 PJS 谈及原因的时候说道，"游客很喜欢在公园内赏花观鸟，普达措公园里面很多动植物和生态资源是公园所独有的，但是长时间的亲近自然的旅游活动中需要带客人进行文化体验，比如去附近的霞给村体验下藏族文化，或者出去吃个藏餐之类，但是出公园后再进入公园就需要二次购买门票，客人和旅行社都接受不了这点"[1]，后来，再有客人要去追寻绿绒蒿的时候，PJS就开始组织去到公园之外的自然之地去了。在对多家旅行社和环境教育机构进行的访谈中都发现，高额的门票价格和门票一天有效的时间限制极大地制约了时间跨度超过一天的环境教育活动的开展。

②受教者。所有进入国家公园的访客都是普达措国家公园的受教者，在解说员的服务和解说牌的提示下，在旅游过程中不知不觉地接受了环境教育。然而同黄石相比，一是对受教者没有细分，就无法提供针对性的环境教育服务，二是游客也无从选择其喜好进行进一步的深入了解。如有游客就表示

---

① 根据 2017 年 8 月对 PJS 访谈资料整理，访谈地点：香格里拉。

"去普达措之前只知道公园自然风光很美，游完才发现公园内还有藏族村落，但因为事先不知道，只好放弃"，信息的不对称也制约了环境教育活动的深入开展。

除参观者外，普达措国家公园环境教育的受教育者还应包括周边居民和公园的工作人员。笔者在乘坐环线大巴的时候，偶有两三头牦牛"不小心"穿越在了大巴环线上，驾驶环保大巴的司机就开始采取鸣笛方式驱赶牦牛，而形成鲜明对比的是，国外人们的生态意识经历了"原始生态意识—生态意识淡漠—生态意识觉醒—生态意识高涨"四阶段，人们普遍生态和环境意识很强，特别是在国家公园工作的人员和志愿者们，对生态保护具有较强主动意识，笔者本人在黄石等多个国家公园进行游览之时，如果有野牛、麋鹿等动物走上了公路，经过的汽车驾驶员都会自动减慢车速或停车让其通过，所以黄石公园内会经常堵车，而大部分是因为要让黄石的动物先行，或者过往游客乐于放慢车轮，享受与动物共处的机会。

（2）资金流。普达措国家公园涉及的管理机构众多，其中，香格里拉普达措国家公园管理局、碧塔海省级自然保护区管护局、三江并流国家风景名胜区管理办公室、三江并流世界自然遗产迪庆管理中心的人员工资和公用经费由财政予以保障，建塘国有林场和洛吉国有林场为事业单位企业管理，人员工资和公用经费由财政予以部分保障；公园的天然林保护、退耕还林、公益林管护、森林防火、自然保护区管理、湿地保护与恢复和病虫害防治等工作由各级林业部门的专项资金予以保障；普达措国家公园的基础设施建设、游客服务、运营和社区补偿的资金主要来源于迪庆州旅游发展集团有限公司的投融资和门票、环保车等收入。

但是，相对于黄石环境教育多元化的资金来源而言，普达措国家公园建设和运营的资金主要来源于公园门票和环保车收入，这部分收入采取收支两条线方式管理，且每年用于社区反哺的生态补偿金就达到 2700 万元，用于环境教育的资金来源于公司的门票收入，且没有相关制度对环境教育的资金做出比例分配，来源的单一和非制度化极大地制约了环境教育的发展（见图4-8）。

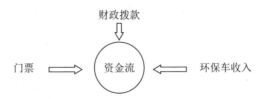

图 4-8　普达措环境教育动力机制资金流构成

（3）媒介。公园内环境教育的解说系统围绕科普教育进行，将科普教育内容与原生态文化有机结合，以其原生态的自然环境、淳朴神秘的藏族文化吸引游客，主要包括公园的基本条件、生态系统和民族文化等。目前，普达措国家公园内主要的媒介如下。

①非人员环境教育项目。

环境教育展示中心：分别设在公园西门和尼汝村内。公园西门门禁区游客中心除了为游客提供信息与资料，也为游客提供环境科普教育宣传。针对科普教育功能，公园设计制作有介绍普达措国家公园自然、人文知识的宣传册，专门在游客中心内供游客阅读。2016 年在游客中心内投资建设了普达措国家公园展示厅，在厅内提供试听媒体解说，并安装有多个电子解说显示屏、动植物标本、藏文化展示区以及投影设备，还配备了专门的解说人员，宣传展示科普国家公园知识。游客中心内还建有 3D 影视厅，并制作了关于普达措国家公园的 3D 视频。

通过实地调研发现，普达措国家公园现有游客综合服务中心虽然位于游客搭乘环保车的必经之地，但是因区域较大，且生态教育解说的陈列和展示并没有处于游憩者必经线路之上，自助型生态旅游者通常会忽略这一区域。而团队型生态旅游者因为导游没有引导游客进入相关区域，并限定了参观访问整个普达措国家公园的时间在 4 个半小时以内，因此进入游客综合服务中心的游憩者通常都是匆匆奔向环保大巴候车点，很多游客表示没有注意到有陈列和展示区域，更不知道会有免费的解说服务提供。

此外，在尼汝村建有尼汝藏族传统文化生态保护传习中心，是尼汝峡谷牧区文化展示中心。这一中心既是省级非物质文化遗产，也是"民俗摄影采访基地"。传习中心主要介绍了尼汝的概况、历史沿革、纺织、服饰、生产生活用具、饮食习俗、节庆、锅庄、建筑格局、文化遗产传承等民俗文化，展现了尼汝先民长期生产生活实践的结晶和沉淀，是迪庆优秀传统文化的代表，也是尼汝藏族生生不息、亘古长存的根基与灵魂。中心内还建有多媒体展示中心，充分运用文字、图片、影像、声音等多种方式进行环境教育解说。

解说牌是指导游憩者游憩活动最普遍的一种方式，是一种相对静态的环境教育方式，按功能可分为引导解说和教育解说两大类。普达措国家公园一期范围内共建有 300 余块标识标牌，主要是按照 5A 级景区的标准进行设计和施工的，并适当增加了具有环境教育意义的内容。公园二期范围内暂时没有国家公园系列的标识牌。

生态环境教育小道：目前，可供步行游览的生态环境教育小道有属都湖南岸木栈道、属都岗河沿河生态徒步体验线路和属都湖北岸藏族原始游牧部落文化体验线路 3 条。其中，属都湖南岸木栈道从公园试营业期间就一直开放，全长 3.3 公里；2018 年 7 月 15 日，新开放属都岗河沿河生态徒步体验步道（2.2公里）和属都湖北岸游牧体验步道（3 公里）两条生态环境教育小道。

宣传和展示材料主要是印刷品和音像制品。印刷品主要包括游憩地图、游憩指南、活动手册、科普认知手册、交通图、风光画册、宣传彩页等，游客服务中心免费为有需求的游客提供，关于公园的明信片和纪念邮品等能够在商品服务部购买到。音像制品包括风光宣传片《香格里拉国家公园——普达措》、"走进香格里拉"电视栏目等，这类型环境教育媒介具有携带方便、信息量大、图文并茂等特点，是公园传达环境教育和宣传形象的重要媒介。

②人员环境教育项目。主要是解说员和组织环境教育项目。

普达措国家公园试运营以来，国家公园管理局首先开展了解说员队伍的建设，与州劳动就业局、州旅游局一起按"公开、竞争，同等条件下优先照顾当地社区"的用工原则向社会公开招收了 65 名专职解说员，现长期在岗的有 20余名；建立了解说员解说系统，管理局特邀请了迪庆州在生物、文化、旅游等方面有造诣的资深专家编写了针对普达措国家公园的解说词，现有中文、英语、法语等多语种的解说队伍。解说员主要在游客中心和环保大巴车上进行解说。

此外，公园内已开始出现组织环境教育解说的萌芽，以传统旅行社为主的各种组织开始探索在普达措国家公园内开展环境教育活动。当地最大的旅行社香格里拉旅行社从 2010 年开始陆续在公园开展了以植物系列为主题的环境教育活动。

（4）组织。中国的国家公园建设尚处于体制试点阶段，国家层面的国家公园管理局于 2018 年 3 月成立，加挂于国家林业和草原局，但由于机构的设置具体方案尚未公布，因此从国家层面并没有专门组织机构对公园的环境教育进行规划和管理。试点之前成立的直接管理机构——普达措国家公园管理局下设政策规划科、生态保护科、社区协调科、游憩教育科和行政执法科 5 个职能部门，没有专职部门开展和管理环境教育。公园的运营方——普达措旅业分公司也没有专门机构开展环境教育活动。

4.3.1.3 系统要素对比结论

两个国家公园的系统要素都围绕人员流、资金流、媒介和组织进行，构成了公园环境教育动力机制最基本的要素组成部分，四大要素之间相互作用和融合。

就人员流而言，两个公园的施教者都包括公园的正式员工（巡护员和解说员）和志愿者，但一是数量差异巨大，二是对其的相关培训和保障机制迥异；就受教者而言，黄石公园的受教对象更为广泛，涵盖了到园和未能到园的游客及周边社区居民，且对受教者进行了细分，设计不同的环境教育项目，相比较而言，普达措国家公园的环境教育对象相对单一且没能针对不同对象进行差异化项目设计。

就资金流而言，黄石国家公园的资金来自三个维度：一是政府来源，即国会拨款和门票收入，作为环境教育的基础资金；二是非营利组织的运作和特许经营收入，作为环境教育的专项资金；三是有特许经营收入和个人捐赠作为环境教育的补充资金，而普达措国家公园仅有政府拨款和运营企业两个来源，且没有对环境教育的资金有保障性约定，资金来源单一，可以说这部分要素欠缺，更不用说形成资金流动。

就媒介而言，两个公园都运用了人员和非人员媒介两大形式，但普达措国家公园囿于工作人员和志愿者数量，存在数量不足的问题。

就组织而言，黄石国家公园对环境教育形成了"国家公园管理局＋非营利组织＋其他机构"的三个层次的协同组织机制，不同组织各司其职，又相互协作，形成了良好的伙伴合作关系；普达措国家公园则囿于其试点的探索性质，亟待构建相应的组织从不同层面开展环境教育。

就模型构建而言，通过对比发现，这一部分要素结构的欠缺使得普达措环境教育的人员流、资金流、媒介和组织之间并没有形成流动，而要素又是动力机制子系统构成的基本组成部分，要素的不足就使得动力机制子系统的"先天不足"，从而使得普达措环境教育的 ESFP 机制模型中部分动力系统缺失。

4.3.2 动力机制子系统（S–Subsystems）对比

4.3.2.1 黄石动力机制子系统（S–Subsystems）

黄石环境教育动力机制子系统可以解构为推动力系统（P_{p1}）、拉动力系统（P_{p2}）、协同力系统（P_C）、引导力系统（P_G）和驱动力系统（P_D）五部分，五种作用力的合力决定了黄石国家公园环境教育的动力系统，合力的大小决定了动力的大小。

（1）推动力系统（P_{p1}）。黄石国家公园环境教育的推动力系统是指由于公园外部环境的变化而产生的对公园内部环境教育的外部促进作用，推动力系统由资源和荒野保护运动、环境保护运动和国家公园功能体系的完善三个要素构成，三要素相互关联，其系统因果关系见图 4-9，构成了国家公园环境教育体系完善的推动力系统，对黄石国家公园内环境教育起着强劲的推动作用，形成了正反馈系统。

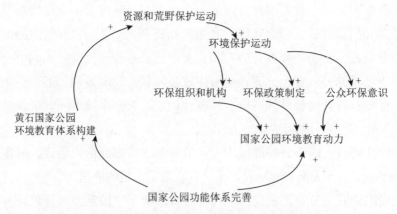

图 4-9　黄石国家公园环境教育推动力系统因果关系

①资源和荒野保护运动。自从 1872 年黄石国家公园建立以来，受到亨利·梭罗的荒野保护思想以及"国家公园之父"约翰·穆尔对自然如宗教一般虔诚的思想影响，兴起了国家公园运动。吉福德·平肖（Gifford Pinchot）是美国第一个职业森林管理者、美国森林署第一任局长、美国国家森林体系的倡导者，美国 20 世纪自然资源保护运动和世界林业的重要奠基人和先驱，其率先认识到自然资源的有限性，呼吁人们对自然资源的科学管理。美国的西进运动中，资源遭到毁灭性破坏。有学者指出，"19 世纪美国开发利用森林、草原、野生动物和水资源的经历，是有史以来最狂热和最具有破坏性的历史"①，自然和荒野的价值在其即将消失之际得到了人们的认知和惋惜，因此从 1890 年到 1920 年的 30 年间，资源和荒野保护运动开始兴起。尤其到了 20 世纪 30 年代以后，美国出现严重经济萧条，自然灾害不断，时任富兰克林·罗斯福总统为摆脱危机，采取了许多措施，其中一项就是资源保护立法，以工代赈，成立平民保育队（Civilian Conservation Corps，CCC）开展植树种草、兴修水利，CCC 为资源和荒野保护运动提供了劳动力，也使得参与的青年人增强了资源保护意识。

这一时期，生态学得到了大力发展，生态学家弗雷德里克·克莱门茨的发展演替—顶级群落学说出现，利奥波德在其《沙乡年鉴》中提出了著名的"大地伦理学"，形成了人与自然生命共同体的理念。《荒野法案》在 1964 年出台，对保护荒野的义务和责任有了法律界定，自然保护主义哲学得到了认可，现代环境保护运动也得到了进一步促进。

②环境保护运动推动国家公园大力开展环境教育。美国在"二战"后出现了严重的环境污染问题，空气污染、水污染、核污染、化学污染、空气污染和噪声污染引起了公众的关注②。但是环境问题并没有催生环境保护的社会氛围，"环境保护"这个词汇几乎很少出现在 20 世纪 60 年代以前的报纸或书刊上，人们并没有环境保护的意识，几乎没有在科学研究和讨论中提及这一词汇。1962 年瑞切尔·卡逊的《寂静的春天》出版，描述了人类可能面临一

---

①　高国荣：《美国现代环保运动的兴起及其影响》，载《南京大学学报（哲学·人文科学·社会科学版）》，2006 年第 4 期，第 47 页。

②　同①。

个没有鸟、蜜蜂和蝴蝶的世界，掀起了环境保护运动的热潮，掀起了民众对于环境保护的极大关注。1969 年西华盛顿大学成立赫胥黎环境学院，是美国成立最早的环境学院之一，环境教育走向了专业化。生态学家们和知识界对环境污染和生态危机的警示极大地激发了人们的环境意识和生态责任感，掀起了一系列环境保护运动，其中最有名的是 1970 年 4 月 22 日的"地球日"活动，这一活动被视为是"环境革命开始的标志"。一系列国际自然保护组织产生于这一时间节点前后，如世界自然保护联盟（IUCN）于 1948 年成立，美国大自然保护协会（TNC）于 1951 年成立，世界自然基金会（WWF）于 1961 年成立，国际人与生物圈机会协调理事会（MAB）于 1970 年成立，联合国环境规划署（UNEP）于 1972 年成立等。一系列美国国内的环保组织和机构也应运而生或发展壮大，如 1892 年由著名环保人士约翰·缪尔（John Muir）成立的塞拉俱乐部（Sierra Club）的会员人数在 1960 年激增至 15000人，其后由 1965 年的 30000 人上升到 1967 年的 57000 人和 1969 年的 75000 人。与此同时，包括《国家环境政策法》《美国环境教育法》《濒危物种法》等一系列有关环境保护的法律法规相继出台，形成了一个完善的环境保护体系。在此起彼伏的环保运动中，公众的环境保护意识也不断增强，推动了环境学和一系列学科及研究的进行，包括环境教育在内的环境学研究和实践不断扩大并深入。环保组织和机构的涌现、环保法律和政策的制定以及公众环保意识的增强共同对国家公园环境教育的发展形成了正向反馈系统。

③国家公园功能体系的完善推动环境教育。尽管 1916 年美国伍德罗·威尔逊总统签署的《国家公园管理局组织法》中规定，国家公园要"保护其中的风景、自然和历史资源及其中的野生动物，使之既为当代也为子孙后代享用"，但这一双重目标一直在一定范畴相互矛盾。美国国家公园的发展史表明，国家公园管理局也总是在国家公园的多重目标之间进行平衡。20 世纪 60年代末期，伴随着美国国内环境保护活动的发展，国家公园管理局委任其下设的全国教育协会研究部开展一项名为"公立学校中的环境教育"研究，这一项目的研究成果为环境教育项目的发展提供了技术支持和行动指南。此后，随着环境保护活动的深化和公民的参与，美国国家公园的环境教育也形成了系统的体系。20 世纪六七十年代被认为是国家公园体系的解说系统发展的

"黄金年代"，在"使命 66"项目的推动下，形成了系统的环境教育体系，以综合解译计划为核心，逐渐将国家公园打造成了环境教育的主要基地。发展到今日，环境教育被视为国家公园管理中平衡多重目标的有效方式，而美国的国家公园也建立了较为完善的功能体系，对环境教育形成了正反馈。

（2）拉动力系统（P_{p2}）。拉动力系统是存在于国家公园体系之外吸引游客进入国家公园的动力子系统，主要来自"二战"后极速增长的游客需求。"二战"期间，人们的旅游需求基本处于停滞阶段，国家公园的资金和人员配置也严重不足。随着战争的结束，经历了战争创伤的人们寻求多种方式安抚战争带来的后遗症，从 20 世纪 60 年代开始，大众旅游开始在西方发达国家盛行，美国成了旅游大国，到国家公园旅游成为人们趋之若鹜参与的活动。根据黄石国家公园官网数据，黄石国家公园的游客访问人数由 1960 年的不足 150 万人次增加到高峰时期的 230 万人次左右[1]。国家公园的游览人数快速增长，而公园内的旅游服务设施严重不足[2]，两者矛盾凸显，国家公园管理局启动了"使命 66"计划，从 1956 年开始，耗资 10 亿美元用于国家公园的基础设施和旅游服务设施建设，特别是公园的游客中心建设，以满足人们巨大的旅游需求。这一计划在公园硬件建设方面取得了极大成功，改善了公园的接待条件，但也因为过于注重满足游客需求而忽略了生态环境保护的需求而受到诟病，因此国家公园管理局开始寻求生态保护和游客需求的平衡之道，最终在 1985 年之后逐步强化对公园内的环境解说和教育设施的投入和建设，同时在资金和人员方面优先考虑解说和游客服务需求，"使国家公园体系成为进行科学、历史、环境和爱国主义教育的重要场所"。

（3）协同力系统（P_C）。协同力系统是使外部的推力系统和拉力系统与游客产生联系，使推力系列和拉力系统形成作用力的不可或缺的纽带环节。根据协同理论[3]，系统内部各个要素（或子系统）之间具有差异与协同，并通过差异与协同的辩证统一达到整体效应[4]，形成"1+1>2"的最终绩效。黄石国家

---

① 张宏亮：《20 世纪 70—90 年代美国黄石国家公园改革研究》，河北师范大学 2010 年硕士论文。
② 杨锐：《美国国家公园体系的发展历程及其经验教训》，载《中国园林》，2001 年第 1 期，第 62 页。
③ ［德］赫尔曼·哈肯：《协同学——大自然构成的奥秘》，上海译文出版社 2005 年版。
④ 邵静野：《中国社会治理协同机制建设研究》，吉林大学 2014 年博士论文，第 37 页。

公园环境教育的实践开展不得不归功于整个公园运营系统中各非营利组织之间的协同力，在长达100余年的协作关系发展之中，各非营利组织之间不断调适理念和协作方式，同时，自组织本身通过时间上的持续和协作领域的扩张，逐渐变大变强，自组织本身也不断进化和更新，增强了其相互之间的协同效应，见图4-10。

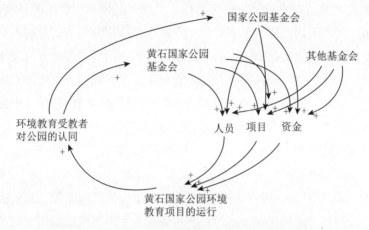

图4-10　黄石国家公园环境教育的协同力系统因果关系

①国家公园基金会和黄石国家公园基金会提供了主要协同动力。正如其名字对其的界定一样，国家公园基金会并不单独对黄石国家公园提供环境方面的资金、人员和项目支撑，而黄石国家公园基金会的主要业务是围绕黄石国家公园这一指定场域进行的。这两大非营利组织通过协作，其自组织也不断进化和更新，为环境教育的开展提供了大量资金和项目支撑。

②其他非营利组织提供了辅助协同动力。除此以外，众多非营利组织也对黄石国家公园的环境教育项目提供了辅助协同力，如黄石公园协会主要为黄石的环境教育项目提供项目支撑，其在公园东门附近，设有环境教育基地，为环境教育项目的开展提供了教室和场地。其他小型非营利组织也可以通过申请在黄石国家公园范围内开展环境教育项目，或通过捐赠等形式，为黄石公园基金会注入活力。

（4）引导力系统（P_G）。黄石国家公园环境教育的引导力系统来自国家公园管理局（National Park Service，NPS）这一国家公园的统一管理机构，其一直对环境教育发挥着引导作用，对公园内环境教育的设计、开展、评估和修正具有直接引导力，保证了黄石公园环境教育与公园的主旨和使命相一致（见图 4-11）。

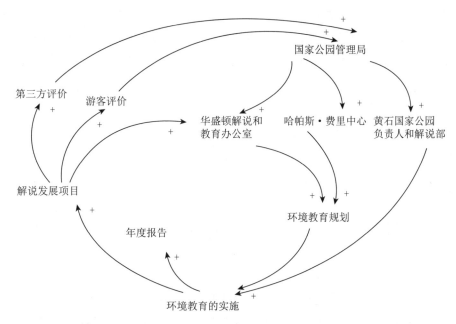

图 4-11　黄石国家公园环境教育的引导力系统因果关系

①NPS 通过下设的直属机构对环境教育发挥引导力。主要是通过设在华盛顿的解说和教育办公室和丹佛的哈珀斯·费里中心的解说规划部门进行，两个机构共同对国家公园体系内的单位进行总体规划和专项规划，包括黄石国家公园的综合解说规划、政策和行动指南等，为环境教育理念的建立和标准的统一提供了组织保障。此外，黄石国家公园的局长和其下设的解说部负责根据规划负责环境教育项目的执行和质量控制，每年需要向华盛顿办公室解说和教育办公室提交相关的年度报告，这保证了环境教育项目的质量。

②NPS 对特许经营商的引导力。能够进入公园开展环境教育及其他经营活动的特许经营商，都要保持与 NPS 统一的理念，即为了"当代及后代的使用"，因而在经营活动中，必须遵循环境教育的规则和理念，其员工也需要经过环境教育理念和行为的相关培训，保证在服务中对环境负责任行为和对游

客的引导作用。

NPS 统一的管理一是保障了项目设计的质量。国家公园的各种规划由设在丹佛的哈珀斯·费里中心完成。二是保障了人员的质量。要确保所有的解说服务由经过专业训练的高素质人员提供，达到管理局的国家标准。为达到这一标准，管理局在基于解说发展项目（Interpretive Development Program，IDP）的基础上开发了网络远程学习和认证平台。参与解说服务的工作人员可以通过这一平台获得解说和教育技能，并通过相关的能力和技能考试。工作人员包括不同层次，国家公园管理局的解说和教育员工需要达到最综合的标准，以为诸如法规执行者、志愿者和合作伙伴等其他雇员提供范式和指导作用。NPS 对环境教育的统一规划和质量控制，保证了环境教育的质量，引导着环境教育与国家公园理念吻合的方向发展。

（5）驱动力系统（P_D）。驱动力系统好比汽车的轮子，是使整个汽车得以在恶劣路面或复杂行驶条件下也能最大限度地利用发动机的驱动力矩，保证车辆起步、加速等过程迅速而且稳定。黄石国家公园环境教育的驱动力系统主要来自科研支撑、志愿者、营利机构和社会捐赠四个方面。

①科研支撑。黄石国家公园环境教育的开展离不开强大的科研力量支撑，科学研究的开展为环境教育的资源和项目设计提供了科学依据。据统计，仅 2015年一年，在黄石公园进行的科学研究就多达 123 项，其占比分别是生物资源（包括微生物）占 5%，自然资源占 53%，资源调查方法占 27%，游客使用和游憩管理、社会科学类占 7%，景观变化占 4%，考古学类占 2%、测绘测图占 2%，其他占 2%。所有在黄石进行科学研究的研究人员和学者都需要获得研究许可证（Research Permit），并在国家公园员工的指导下进行研究和收集工作。设在黄石资源中心的公园研究许可办公室负责签发和跟踪研究许可证，并对公园内获得许可的研究提供必要帮助。科研成果由公园共享，是环境教育的科学数据来源。

②志愿者。"志愿者"的英文为 volunteer，来源于拉丁文 valo 或 velle，意思是"希望、决心或渴望"，是不以获得物质报酬为目的，为公共服务贡献时间和精神的人。志愿精神讲究无私奉献，但一味强调志愿精神并不能激励志愿精神和支援者的出现，美国国家公园构建了相对完善的志愿者服务机制来促进志愿精神和志愿者的出现。

　　首先，确立了志愿者的招募机制。国家公园管理局针对不同项目要求，招募合适的志愿者参与其中，一些岗位需要志愿者具有特定的技能、技巧、知识和能力，也需要对志愿申请者进行社会背景调查，而其他岗位只需要具有参与志愿工作的热情和时间即可，未满 18 岁的未成年人需要获得其父母或监护人的书面同意。目前，国家公园体系内志愿者的招募机制如表 4-3 所示。

表 4-3　黄石国家公园志愿者招募项目情况

项目名称	招募对象	项目概况
公园内的志愿者项目（Volunteers-In-Parks Program）	美国公民和愿意加入志愿服务的美国国内游客	要求志愿者具有美国籍
国家公园管理局国际志愿者项目（International Volunteers in Parks Program，IVIP）	非美国籍的大学生、环境或文化领域内的专业人士（从符合美国签证和移民要求的候选者中遴选）	具有相关教育和专业背景，并愿意在回国后与同事或研究者分享其经历，公园将帮助其办理相关签证，旅行和志愿期间的其他费用自理。履行志愿服务期间的工作任务，并在服务结束后，提供相关报告
驻园艺术家项目（Be An Artist-in-Residence）	视觉艺术家、作家、音乐家摄影师、作家等	全美有 50 多个驻园点，项目一般持续 2~4 周，要求志愿者同公众分享其艺术作品。公园为志愿者提供驻园期间的住宿
公园里的科学项目（Science in Parks）	大学生、12 年级学生以及不同的研究和教育团队	该项目始于 2001 年，主要依托公园内的研究学习中心（Research Learning Centers，LCS）为本科生和研究生提供有偿的实习和研究金，以便在国家公园开展科学教育。践行"公园为了科学，科学为了公园"的理念分享相关研究成果，并帮助成果运用于教育和公园管理中。研究学习中心负责提供相关保障，如研究所需的住宿、图书馆、科研许可证等，以及出版、转化这些科研成果
童子军巡护员项目（Scout Ranger Program）	针对青少年进行招募	鼓励青少年对国家公园进行探索，以了解国家公园的使命，并帮助保护国家的自然、文化和历史资源，参与志愿项目或教育活动的青少年可以获得国家公园的肩章

注：根据访谈和国家公园管理局官方网站 http：//nps.gov 资料整理。

　　通常对志愿者的招募程序会在每年 5 月（大多数国家公园的开园时间）以前完成，对国际志愿者招募的时间会更早。一般由志愿者在官方网站上选择合适项目和项目所在公园，并填写申请表格，也可以通过其他合作志愿组织进行申请。申请表格填报的内容包括志愿者的经历、受教育程度、技能、愿意服务的区域等，填写得越详细越容易获得志愿者的资格。

其次，志愿者的培训机制。国家公园对招募的志愿者进行专门培训，特别是针对进行解说服务的志愿者，要求其接受相关的持续性培训，并对解说的标准制定了国家标准，要求提供解说和教育服务的志愿者达到国家标准，按照国家公园管理局开发的平台，利用网络进行学习和通过认证[①]。

再次，志愿者的激励机制。青少年志愿者在完成志愿服务后，会获得国家公园管理局的肩章作为奖励，同时，美国的大学很注重申请人在高中阶段的志愿经历，申请人要获得大学录取书都需要有一定志愿项目学分，笔者访学所在的华盛顿州要求大学申请者具有 10 小时以上的志愿经历证明，并且志愿经历证明越多，越说明申请者关心社会、热衷于帮助他人，更容易获得申请院校的认同。《全国与社区服务法案》规定，青年志愿者服务每年满 1400 小时，将获得 4725 美元的奖学金作为奖励，奖学金可以被用来抵扣大学学费或者偿还大学贷款，也可被用作参与职业培训。

针对参与志愿服务的普通美国公众，还设有杰出志愿者服务（George and Helen Hartzog Awards for Outstanding Volunteer Service），该奖项由 George Hartzog 和他的夫人 Helen 捐资设立，捐资给国家公园基金会，主要用于奖励对国家公园做出杰出贡献的志愿者、团队以及公园的志愿者项目。

为鼓励志愿者，美国施行了"机构间通行计划"（Interagency Pass Program），规定在六大政府机构里奉献了 250 小时以上志愿者服务的人员，可以获得志愿者通行卡 Volunteer Pass（见图 4-12），免费进入六大机构管理的公园[②]：国家公园管理局（National Park Service）、美国国家森林署（U.S. Forest Service）、美国渔业和野生物管理局（U.S. Fish and Wildlife Service）、土地管理局（Bureau of Land Management）、农垦局（Bureau of Reclamation）、美国陆军工兵团（U.S. Army Corps of Engineers）。这六大机构管理着美国大部分国有资源区域，因此也意味着获得这一通行卡的志愿者，可以免票进入美国国内大部分国有旅游地。

---

① 王辉、刘小宇、郭建科、孙才志：《美国国家公园志愿者服务及机制——以海峡群岛国家公园为例》，载《地理研究》，2016 年第 6 期，第 1193 页。

② 资料来源：黄石国家公园官方网站 https://www.nps.gov/planyourvisit/passes.htm。

图 4-12　2018 年志愿者年卡（Volunteer Pass）

志愿者经历可以纳入学分，且对升学、就业、晋级都有帮助，政府还将保障和奖励杰出志愿者，颁发公园的志愿者标志（见图 4-13）。美国《志愿者保护法》中有两条专门用于来保证志愿者的权益：第一，志愿者不能与工人等同，不能将志愿者视作最低工资人使用；第二，对志愿者的最基本权益提供保障，如给予医疗保障和社会保险，以尽量保证志愿者在服务过程中不出问题[①]。笔者在美期间访谈的多位志愿者都表示愿意参与志愿服务，通过参与志愿服务至少可以获得州最低时薪标准的补贴，除此以外，还能获得公园提供的简单住宿设施，如在黄石国家公园志愿者除最低时薪外还可以免费在指定露营地进行露营[②]。

图 4-13　黄石国家公园志愿者标志（Volunteer-In-Parks）

---

① 高嵘：《美国志愿服务发展的历史考察及其借鉴价值》，载《中国青年研究》，2010 年第 4 期，第 108 页。

② 根据访谈得知，在美国，露营必须在专门露营地露营，并缴纳露营费用，从 15 美元到 25 美元不等，在诸如黄石等热门国家公园内，露营地需要提前好几个月预约。

最后，国家层面的制度合法性认同。国家层面的制度合法性认同有助于志愿服务得到制度保障，激发志愿者的参与意愿。除了1969年国会通过的《公园志愿者法》（Volunteers in the Park Act），美国先后制定了《国内志愿服务修正法》（1989年）、《国家与社区服务法》（1990年）、《志愿者保护法》（1997年）、《服务美国法》（2009年）等法律，这些法规确立了美国志愿服务体系与专门机构的权限，确定了涉及定义、目标、管理、执行、拨款、志愿者权利等方面事宜的法律依据[①]。如《国家与社区服务法》详细规定了专职和兼职志愿者的工作时间、年龄、报酬和培训要求；并授权联邦政府选定并资助一家民办非营利基金会，以便执行服务志愿者、传播志愿精神的"光点计划"（Points of Light Initiative）[②]，《美国税法》还规定在特定的非营利组织从事志愿服务，志愿服务的时间是可以抵税的[③]。通过国家法律层面对志愿者的制度合法性进行认同并强调，在全美塑造了对志愿服务事业和志愿精神的强烈推崇氛围。国家公园的建立和运营过程都灌注了志愿者的努力和支持，志愿者成为国家公园环境教育的重要驱动力，驱动"国家公园"这一让美国民众自豪的巨大马车，向着新的征程走去。

③营利机构。黄石国家公园内还有众多的特许经营合作伙伴，如仙度莱公园和度假中心（Xanterra Parks and Resorts）等，是黄石国家公园内的住宿和餐饮接待服务的特许经营商，著名的老忠实客栈就是由仙度莱公园和度假中心集团经营。老忠实客栈位于黄石国家公园最著名的地标——老忠实泉旁边，距今已有近百年的历史。所有特许经营商在经营和接待过程中都要遵从公园环境教育的相关原则，倡导绿色环保的可持续发展理念。来自营利机构的特许经营收入可以根据法规提取并专项用于提供公益性质的服务，且相关规定越来越严，1998年《国家公园综合管理法》通过，规定所有特许经营收入必须存入特别账户，账户由财政部进行管理，资金的80%可用于改善本公园的游客服务或支持优先或紧急项目，其余20%由国NPS统筹调剂使用。

---

① 龙永红：《中美大学生志愿服务激励机制的比较研究》，载《山东青年政治学院学报》，2011年第5期，第46页。

② 徐彤武：《联邦政府与美国志愿服务的兴盛》，载《美国研究》，2009年第3期，第25页。

③ 龙永红：《中美大学生志愿服务激励机制的比较研究》，载《山东青年政治学院学报》，2011年第5期，第46页。

④社会捐赠。社会捐赠来自个人，个人可以直接捐给国家公园，或是通过基金会进行捐赠，如前文所提到的国家公园第一任管理局局长斯蒂芬·T.马瑟（Stephen T. Mather）、实业家约翰·D. 洛克菲勒等都是国家公园环境教育的积极捐赠者。此外，通过基金会为主的非营利组织也可进行捐赠，如国家公园基金会和黄石国家公园基金会等。

4.3.2.2 普达措动力机制子系统（S-Subsystems）

普达措国家公园环境教育动力子系统也主要分为外部动力系统、内部动力系统和驱动力系统三部分，其中外部动力系统包括推动力系统和拉动力系统，内部动力系统包括引导力系统和协同力系统。此外，通过研究发现摩擦力系统的存在对动力机制的运行构成了阻力。

（1）推动力系统（P_{p1}）。普达措国家公园环境教育的推动力系统主要是生态文明体制建设、生态保护意识的产生和发展，以及研学旅行和自然教育的盛行，其因果关系见图 4–14。

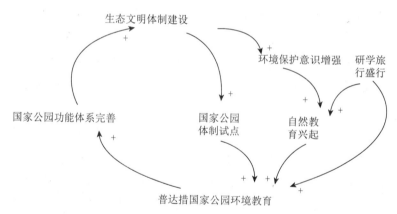

图 4-14　普达措国家公园环境教育推动力系统因果关系

①生态文明体制建设。自从 2012 年，"生态文明建设"提出以后，成了讨论热点。尽管我国自从 1956 年广东自然保护区成立以来，形成了以自然保护区为主的保护模式，但这一自然保护地模式在我国生态文明建设中发挥重要作用的同时，也存在类型划分不合理、管理体制不顺等诸多弊病。党的十八届三中全会提出"建立国家公园体制"，科学处理生态环境保护和社会经

济发展关系，优化和完善我国自然保护地体系，理顺现有自然保护地管理体制①。生态文明体制建设的稳步推进形成了国家公园内开展环境教育的强大推力，形成正反馈动力系统。

②生态保护意识的产生和发展。具有五千年历史的中国很早就产生了自然保护的思想，在三千年前就有了"囿""苑"，道教的道法自然、天人合一思想就蕴含着人与自然的相处之道。各民族也在与自然相处的过程中，发展初期与自然共生的理念和行为，如藏族的神山和圣水，傣族的"竜林"是村寨的保护神，里面的一草一木、一虫一兽都被视为神圣不可侵犯，哈尼族的密枝林不允许族外人进入，即使是族内人，也只能在宗教祭祀活动时进入，这些富有宗教意蕴和信仰特征的区域，限制了人们对其的破坏行为，也将其通过宗教形式保护下来，形成各民族的"自然保护区"。可以说宗教和各民族的神圣禁忌理念，就是最早的环境保护意识的渊源，并发展至今。来自信仰的生态保护意识，通常更具有自觉性、持久性和固定性，推动环境教育的发展。

③研学旅行和自然教育的盛行。以学生群体集体参与为主和倡导体验和知识获得目标的研学旅行是素质教育的一个重要内容，也是我国旅游业发展的新热点。《国民旅游休闲纲要（2013—2020年）》提出"逐步推行中小学生研学旅行"；《关于促进旅游业改革发展的若干意见》（发布于2014年8月）中首次明确了"研学旅行"要纳入中小学生日常教育范畴；《中小学学生赴境外研学旅行活动指南（试行）》（发布于2014年7月）为研学旅行制定了基本标准和规则。《教育部等11部门关于推进中小学生研学旅行的意见》（发布于2016年12月）等一系列政策为研学旅行提供了政策支撑。研学旅行的提出，是对传统旅游六大要素的提升，强化了在旅行过程中学习和受教育成分的重要性。

正如理查德·洛夫在《林间最后的小孩》中所描述的，在电子产品环境下成长的一代缺少与自然的接触，患上了"自然缺失症"，这一著作在中国翻译出版后，掀起了"自然教育"的热潮，从2014年开始，每年年底召开一次的自然教育论坛也助推了行业的发展。自然教育作为环境教育的始基阶段，同研学旅行一样，强调探究式的在自然场域中的学习和受教育过程，其实质

---

① 钟林生、邓羽、陈田、田长栋：《新地域空间——国家公园体制构建方案讨论》，载《中国科学院院刊》，2016年第1期，第126页。

和特征与环境教育具有重合成分，两者的发展都对国家公园开展环境教育形成了强大推动力。

由以上分析可以得知，普达措国家公园开展环境教育，面临着黄石当年类似的外部机遇，只是表现形式不同，在中国表现为生态文明体制建设的开展、大众环境意识的增强和环境运动的发展，以及研学旅行和自然教育的盛行，推动国家公园环境教育的开展。

（2）拉动力系统（P_{p2}）。拉动力主要来自井喷式的市场需求，为深入研究到访普达措国家公园游客的环境教育需求以及环境素养的程度，依据本研究的主要内容，笔者设计了《普达措国家公园环境教育调查问卷》（见附件1），并在 2018 年 1 月和 10 月针对在普达措国家公园进行参观访问的游客散发问卷，采取网络填答的形式，通过网络和现场扫码填写问卷两种方式收集问卷，在散发问卷的同时，采取随机深入访谈进行调查。主要调查内容包括：游览普达措国家公园的游客的基本情况、出游的基本情况、对普达措国家公园环境教育的满意度、体验度和评价、环境素养阶段等。一共发出问卷 200份，收回 173 份，剔除问卷作答中有明显规律性的 6 份问卷后，实际有效问卷是 167 份，问卷回收有效率达到 83.5%。问卷采用 SPSS19.0 和 AMOS 25进行数据分析，对问卷的分析如下。

①问卷基本情况分析具体问卷样本情况如表 4–4 所示。

表 4–4　问卷样本人口统计学和到访行为特征

项目	类别	频数	有效百分比（%）	项目	类别	频数	有效百分比（%）
性别	男	74	44.3	学历	初中及以下	5	3.0
	女	93	55.7		高中/中专/职高	7	4.2
年龄	18 岁以下	1	0.6		大专	20	12.0
	18~25 岁	77	46.1		本科	79	47.3
	26~30 岁	20	12.0		研究生及以上	56	33.5
	31~40 岁	47	28.1	人员组成	成人	166	84.3
	41~50 岁	17	10.2		未成年人	31	15.7

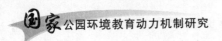

续表

项目	类别	频数	有效百分比（%）	项目	类别	频数	有效百分比（%）
年龄	51~60 岁	4	2.4	出游方式	参加大众旅行团	22	13.2
	60 岁以上	1	0.6		参加主题性团队活动（如观鸟团、赏花团）等	19	11.4
旅游伴侣	家人	48	28.7		公共交通自助旅行	57	34.1
	朋友	57	34.1		自驾车自助旅行	69	41.3
	同学	37	22.2	游玩时间	一天以内	116	69.5
	其他	25	15.0		超过 1 天	51	30.5
家庭结构	单身	87	52.1	住宿①地点	普达措国家公园中露营	4	6.56
	已婚，无小孩	22	13.2		普达措国家公园外露营	3	4.92
	已婚，孩子未成年	43	25.7		普达措国家公园内住宿	29	47.54
	已婚，孩子成年	15	9.0		普达措国家公园外住宿	18	29.51
月收入	3000 元以下	27	16.1		其他住处（如朋友／亲属家中）	7	11.48
	3000~5000 元	37	22.2	了解普达措国家公园的方式②	朋友介绍	87	29.59
	5001~10000 元	37	22.2		广告牌	15	5.1
	10001~20000 元	36	21.5		高速公路道路指引	7	2.38
	20001~30000 元	14	8.4		旅行社	32	10.88
	30000 元以上	8	4.8		宣传片	40	13.61
	其他	8	4.8		宣传画册／报纸杂志	31	10.54
					网络	82	27.89

①②从性别来看，女性略多于男性，这与受访者中女性居多有关，相对而言，女性也更容易接受填写网络问卷的邀请；从年龄层次来看，受访者中 50 岁以下的成人游客占了绝大多数，达到 96.4%，呈现年轻化的态势，这也与普达

①　此处只统计了住宿的游客。
②　此项为多选题。

措国家公园的主要群体相吻合；从家庭结构来看，已婚和未婚群体比例相对平均；从文化程度来看，以大学学历以上为主，占了受访人群的 80.8%；从家庭月收入来看，3000~5000 元的占了 22.2%，5001~10000 元的占了 22.2%，10001~20000 元的占了 21.5%。

就到访公园游客的行为特征而言，自驾游和自助旅行占了 75.4%，符合散客化旅游时代人们出游的基本出行方式，69.5% 的游客选择在一日内到访公园，住宿的游客中，将近一半的游客会选择在园内住宿，通过网络或朋友介绍了解公园的人占了一半以上，符合自媒体时代人们对信息了解的方式。

②新生态范式量表（NEP）的测定。涂尔干强调"社会事实的客观真实性"[1]，一种社会事实只能在另外一种社会事实中找到解释（程鹏立等，2013）[2]。20 世纪 60 年代，Murray Bookchin 在生态学研究中引入"社会生态学"概念，认为生态问题不能仅仅被看作野生生物及其生存环境的保护问题，其最根本原因在于社会问题，解决生态问题的根本是社会问题的解决[3]。自此，人们开始寻求技术手段之外的方法去解决生态问题，随之产生了生态女性主义（Ruether，1975）[4]、"深"生态学（Arne Naess，1972）等理论[5]。随着《寂静的春天》的出版，人们的环境意识被唤醒，也掀起了环境社会学研究的序幕。美国华盛顿州立大学卡顿（William Catton）和邓拉普（Riley Dunlap）在 20 世纪 70 年代末期和 80 年代共同提出"新生态范式"理论，开发并设计了测量环境关心的量表（Dunlap，1978），这一量表到 90 年代成了全世界应用最广的测量环境关心的量表（Stern，Dietz etal，1995）。Dunlap 等（2008）重新修订

---

① 赵万里、蔡萍：《建构论视角下的环境与社会——西方环境社会学的发展走向评析》，载《山西大学学报（哲学社会科学版）》，2009 年第 1 期，第 8 页。

② 程鹏立、钟军：《环境社会学的理论起源与发展》，载《生态经济》，2013 年第 4 期，第 24 页。

③ Bookchin M. "Social Ecology versus Deep Ecology：A Challenge for the Ecology Movement". In *Green Perspective*，1985.p.4–5.

④ Ruether R R. *New Woman, New Earth: Sexist Ideologies and Human Liberation*. New York：Seabury Press，1975.

⑤ Naess A .*The shallow and the deep, long - range ecology movement. A summary**［M］// The Selected Works of Arne Naess. Springer Netherlands，2005.

了 NEP 量表①，将选项由 12 增加到 15 个，增加了 2 个测量维度：对"人类例外主义"和"生态环境危机"的看法，量表名称也改为"新生态范式"（New Ecological Paradigm，NEP）量表（洪学婷等，2012）②，成了目前使用最为广泛③的测量量表。NEP 主要测量人们的环境态度，也反映了人们如何看待人与自然和周边生态环境的关系。

本研究采用 NEP 量表，对普达措国家公园的游客进行了测量。量表一共 15 题，项目中包含肯定和否定项以平衡量表结构，这 15 项包括人类与生态环境关系的五个方面，分别是"地球承载极限""反人类中心论""自然平衡的脆弱性""反人类例外说""生态危机存在的可能性"④，采用 Likert 5 点计分法，其中奇数题是正向计分题，问卷填写者越是同意，表明对环境关注度越高，按照"非常同意""较同意""不能确定""较不同意""非常不同意"，分别计 5 分、4 分、3 分、2 分、1 分，偶数题是反向计分题，问卷填写者越是同意，表明对环境关注度越低，按照"非常同意""较同意""不能确定""较不同意""非常不同意"，分别计 1 分、2 分、3 分、4 分、5 分。统计结果如表 4-5 所示。

表 4-5　NEP 量表统计结果分析

题目\选项	非常同意	较同意	不能确定	较不同意	非常不同意	平均分
NEP1）目前的人口总量正在接近地球能够承受的极限	44（26.35%）	29（17.37%）	68（40.72%）	17（10.18%）	9（5.38%）	3.49
NEP2）人类有权改造自然以满足其需要	16（9.58%）	12（7.19%）	36（21.56%）	43（25.75%）	60（35.92%）	3.71
NEP3）人类对于自然的破坏常常导致灾难性后果	72（43.11%）	27（16.17%）	50（29.94%）	8（4.79%）	10（5.99%）	3.86

① Dunlap, Riley E.Van Liere, Kent D. "The 'New Environmental Paradigm'". In *Journal of Environmental Education*, 2008, 40（1）. p.19–28.

② 洪学婷、张宏梅：《国外环境责任行为研究进展及对中国的启示》，载《地理科学进展》，2016年第 12 期，第 1459 页。

③ LüCk M. "The 'new environmental paradigm'"：is the scale of dunlap and van liere applicable in a tourism context".In *Tourism Geographies*, 2003, 5（2）. p. 228–240.

④ 陈月珍、谢红彬、黄金火：《新生态范式量表评价及实践运用研究综述》，载《山西师范大学学报（自然科学版）》，2014年第 1 期，第 112 页。

续表

题目\选项	非常同意	较同意	不能确定	较不同意	非常不同意	平均分
NEP4）人类的智慧将保证我们不会使地球变得不可居住	21（12.57%）	18（10.78%）	44（26.35%）	59（35.33%）	25（14.97%）	3.29
NEP5）目前人类正在滥用和破坏环境	49（29.34%）	42（25.15%）	55（32.93%）	12（7.19%）	9（5.39%）	3.66
NEP6）如果知道如何开发，地球资源将用之不竭	19（11.38%）	17（10.18%）	34（20.36%）	53（31.73%）	44（26.35%）	3.51
NEP7）动植物与人类有着一样的生存权	93（55.69%）	26（15.57%）	39（23.35%）	3（1.80%）	6（3.59%）	4.18
NEP8）自然界的自我平衡能力足够强，完全可以应付现代工业社会的冲击	12（7.19%）	8（4.79%）	26（15.56%）	51（30.54%）	70（41.92%）	3.95
NEP9）尽管人类有着特殊能力，但是仍然受自然规律的支配	72（43.11%）	31（18.57%）	48（28.74%）	6（3.59%）	10（5.99%）	3.89
NEP10）所谓人类正在面临"生态危机"，是一种过分夸大的说法	12（7.19%）	8（4.79%）	23（13.77%）	64（38.32%）	60（35.93%）	3.91
NEP11）地球就像宇宙飞船，只有很有限的空间和资源	63（37.72%）	34（20.36%）	53（31.74%）	7（4.19%）	10（5.99%）	3.8
NEP12）人类生来就是要驾驭自然的	9（5.39%）	5（2.99%）	23（13.77%）	43（25.75%）	87（52.10%）	4.16
NEP13）自然界的平衡是很脆弱的，很容易被打乱	64（38.32%）	33（19.76%）	54（32.34%）	11（6.59%）	5（2.99%）	3.84
NEP14）人类最终将会控制自然	8（4.79%）	6（3.59%）	20（11.98%）	48（28.74%）	85（50.9%）	4.17
NEP15）如果一切按照目前的样子继续，我们很快将遭受严重的环境灾难	57（34.13%）	31（18.56%）	60（35.93%）	11（6.59%）	8（4.79%）	3.71

注：3 项、8 项、13 项体现自然的平衡；1 项、6 项、11 项体现增长的极限；2 项、7 项、12 项体现反人类中心论说；4 项、9 项、14 项体现反人类例外说；5 项、10 项、15 项体现生态危机的可能性。

通过 NEP 量表测量，得分越高，表明受调查对象对新生态范式的接受程度越高，越倾向于对生态与自然资源的保护，对人类与自然关系的看法越倾向于和谐共处（Lucy，2010）[①]，环境状况的改善就越有希望（吴建平等，

① Lucy J Hawcroft，Taciano L Milfont. "The use（and abuse）of the new environmental paradigm scale over the last 30 years：A meta-analysis". In *Journal of Environmental Psychology*，2010，30（2）. p.143–158.

2012）[①]，分值越低则相反。可以看出，到访普达措国家公园的游客平均得分为3.81分，游客在自然的平衡、反人类中心论说项目中得分高于平均分，表明人们对人与自然的关系倾向于平等关系，即人与自然都是生态的组成要素；在人类例外主义上明显低于平均得分，显示游客的环境素养倾向于"人类豁免范式"（Human Exceptionalism Paradigm，HEP）的观点，即认为人类可以豁免于环境因素的影响范围之外，所有的社会问题（包括环境问题）最终可以得到解决。

将样本数据导入 IBM SPSS Statistics 19 软件中，对数据进行降维分析，使用降维分析中的因子分析，选取 NEP1~NEP15 的样本数据进行分析。样本数据加入后由于加入"人类最终将会控制自然"项（NEP14）后，矩阵不再是正定矩阵，因此剔除 NEP14 项再进行因子分析。对样本数据进行 KMO 与 Barlett 检验，得到 KMO = 0.851，Bartlett 的球形度检验近似卡方 = 1148.454，p 值小于 0.01，可以对量表进行探索性因素分析。

由公因子方差表（表4-6）可见，利用主成分分析提取的公共因子后因子方差的均值都比较高，说明提取的公共因子可以较好地解释原始观测变量。

表4-6　公因子方差

题目	初始	提取
NEP2	1.000	0.495
NEP4	1.000	0.469
NEP6	1.000	0.554
NEP8	1.000	0.725
NEP10	1.000	0.629
NEP12	1.000	0.724
NEP1	1.000	0.510
NEP3	1.000	0.546
NEP5	1.000	0.529
NEP7	1.000	0.657

---

① 吴建平、訾非、刘贤伟等：《新生态范式的测量：NEP量表在中国的修订及应用》，载《北京林业大学学报（社会科学版）》，2012年第4期，第8页。

题目	初始	提取
NEP9	1.000	0.596
NEP11	1.000	0.644
NEP13	1.000	0.626
NEP15	1.000	0.509

　　因子 1 与因子 2 的总解释率达到了 58.661%，丢失的信息在可接受的范围内，因此选取因子 1 与因子 2 进行因子分析。成分矩阵旋转后，发现并没有影响原有的共同度，经过重新分配各个因子，优化各个因子的方差贡献率（见表 4-7）。

表 4-7　因子分析成分矩阵

项目	成分	
	1	2
NEP1	0.686	0.199
NEP2	−0.377	0.594
NEP3	0.662	0.329
NEP4	−0.466	0.502
NEP5	0.724	0.072
NEP6	−0.470	0.577
NEP7	0.733	0.347
NEP8	−0.322	0.788
NEP9	0.748	0.189
NEP10	−0.282	0.742
NEP11	0.731	0.331
NEP12	−0.316	0.790
NEP13	0.713	0.342
NEP15	0.676	0.228
解释率 /%	34.950	23.711

由于成分矩阵表中因子 2 与大部分的变量相关性程度高，因子 2 含义模糊，不利于命名，故要进行因子旋转，结果见表 4-8。

表 4-8　因子分析成分旋转矩阵

项目	成分	
	1	2
NEP1	0.706	−0.105
NEP2	−0.096	0.697
NEP3	0.738	0.023
NEP4	−0.215	0.651
NEP5	0.688	−0.236
NEP6	−0.187	0.721
NEP7	0.811	0.009
NEP8	0.036	0.851
NEP9	0.759	−0.140
NEP10	0.053	0.792
NEP11	0.803	−0.004
NEP12	0.043	0.850
NEP13	0.791	0.014
NEP15	0.710	−0.075
解释率 /%	32.995	25.666

经过成分转换分析得出，两因子相关性为 0.417，相关性不高，所以因子分析的效果较好，见表 4-9。

表 4-9　成分转换矩阵

成分	1	2
1	0.909	−0.417
2	0.417	0.909

采用 SPSS19.0 和 AMOS 25 对样本数据进行验证性因素分析，检验两因素模型与数据的拟合性，得出指数为：卡方 = 209.284，df = 77，卡方 /df= 2.71，

GFI = 0.847。得出 NEP 量表两因素结构模型及标准化路径系数，见图 4-15。

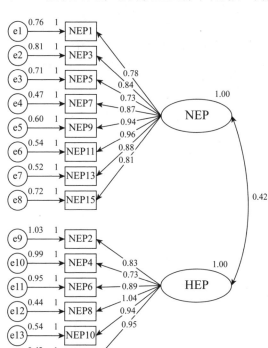

图 4-15　NEP 两因素结构模型及标准化路径

探索性和验证性因素表明，NEP 量表具有较好的结构效度，且在普达措国家公园游客中可以分为两个维度比较合适，即公园游客与当今中国社会体系一样存在两种生态价值范式：NEP 和 HEP。为便于与以往研究做比较，将新生态范式得分转化为百分制计分，所有游客得分均值为 59.06 分（N=167，标准差 =12.72），最低分为 20 分，最高分为 100 分。具体分数段的情况见表 4-10。在洪大用 2005 年的研究中，4994 名中国城市居民在 NEP 量表的平均得分为 61.24 分，且得分段集中于 80 分以下[1]，在吴建平 2012 年的研究中，11620 名中国城市居民在 NEP 量表的平均得分为 74.86 分，且得分段集中于

---

① 洪大用：《中国城市居民的环境意识》，载《江苏社会科学》，2005 年第 1 期，第 127 页。

70 分以上[①]。而在本研究中，城市居民的 NEP 得分与洪大用研究中的得分相似，但是在 50~59 分、60~69 分段得分比率有些许提高。

表 4-10　本研究与以往研究的比较

	本研究	洪大用研究[①]	吴建平研究[②]
样本量	167	4994	11620
平均数 ± 标准差	59.06 ± 13.46	61.24 ± 12.07	74.86 ± 12.72
50 分以下 /%	13.78	19.8	1.8
50~59 分 /%	34.13	33.1	9.8
60~69 分 /%	39.52	25.7	27.4
70~79 分 /%	7.78	14.6	22.3
80 分及以上 /%	4.79	6.8	38.7

人类、自然及社会环境相互之间的关系是认识世界的基本问题，Schwartz（1994）认为这个基本问题导致了价值的选择[④]。为规范人们的社会行为，这个问题有两种解决方式：要么与世界和谐相处，并且保护它，要么利用和改造世界[⑤]。通过问卷知道到访普达措的游客对于生态环境的认识已经上升到了新生态范式阶段，这与国家公园理念也是一致的，人们赞同人类不再"豁免"于生态环境之外，即人类与生态环境融为一体，对生态环境的保护是人类的必然选择。既然人们的生态环境意识和素养已经进入了新时代，国家公园对其的环境教育更应契合新生态范式的需求。

③对公园现有环境教育满意度和期望分析。为进一步了解到访普达措游客对公园现有环境教育的满意度和期望，问卷也对游客对公园现有环境教育

① 吴建平、訾非、刘贤伟等：《新生态范式的测量：NEP 量表在中国的修订及应用》，载《北京林业大学学报（社会科学版）》，2012 年第 4 期，第 8 页。

② 洪大用：《中国城市居民的环境意识》，载《江苏社会科学》，2005 年第 1 期，第 127 页。

③ 吴建平、訾非、刘贤伟等：《新生态范式的测量：NEP 量表在中国的修订及应用》，载《北京林业大学学报（社会科学版）》，2012 年第 4 期，第 8 页。

④ Schwartz S H. "Are There Universal Aspects in the Structure and Contents of Human Values?". In *Journal of Social Issues*, 1994, 50（4）. p.23.

⑤ Schultz P W, Zelezny L. "Values as predictors of environmental attitudes: evidence for consistency across 14 countries". In *Journal of Environmental Psychology*, 1999, 19（3）. p.255-265.

方式进行了满意度测定和期望分析。

第一，对普达措国家公园现有环境教育解说设施、服务和项目数据的分析。对数据的可靠性进行检验，通过分析，游客对解说服务 7 项测量问题的 CITC 值均大于 0.3，且量表的 Cronbach's α 系数为 0.950，说明本研究的数据具有较高的信度。

根据统计结果（见表 4-11），解说服务总体得分比较高，评论分都在 3.7 以上，且标准差均小于 1，说明数据集中程度高，游客对各种不同的解说方式的评价都呈现正态分布。游客最满意的解说服务是解说员讲解，均值为 3.920，说明游客最喜欢通过解说员讲解这一具有互动性质的环境教育解说方式。

表 4-11　游客对解说服务的评分统计量表

	解说牌	游客中心	解说员讲解	展示陈列	宣传彩页	3D宣传视频	普达措国家公园解说系统的整体评价
均值	3.750	3.770	3.920	3.760	3.740	3.790	3.880
均值的标准误	0.069	0.068	0.074	0.072	0.069	0.070	0.066
中值	4.000	4.000	4.000	4.000	4.000	4.000	4.000
众数	4.000	4.000	4.000	4.000	4.000	4.000	4.000
标准差	0.890	0.883	0.960	0.926	0.893	0.911	0.856
方差	0.792	0.779	0.921	0.858	0.798	0.829	0.733

第二，对普达措游客重要性和满意度分析。对数据进行可靠性统计分析，通过分析，8 项项目的 CITC 值除去体验孤独均大于 0.3，且量表的 Cronbach's α 系数为 0.825，说明本研究的数据具有较高的信度。研究结果表明，游客认为最重要的分别是观赏自然风景（4.34），聆听大自然的声音（4.11），认为最为满意的是观赏自然风景（4.29），聆听大自然的声音（4.08）。

对重要性与满意度得分进行成对样本 t 检验，分析发现走生态步道与体验孤独的 $p<0.005$，有统计学意义，说明重要性与满意度差异显著，可能是超出预期，也可能是感到失望（见表 4-12）。而根据笔者对公园的多年跟踪调研，公园原有的生态步道是按照 5A 级景区打造的仿木栈道，2018 年 10 月新开了 3 条生态步道，但推广力度不够，很多人并不知道有新的生态步道；至于体验

孤独，原有的环保大巴集体式的旅游方式让人们没有机会有独处机会，旺季甚至需要排长队等候大巴，所以可以推断，这两项让游客感到失望，是未来设计环境教育项目要重点考虑的地方。

表4-12　重要性与满意度分析

	重要性		满意度		成对样本t检验
	平均值	标准差	平均值	标准差	
体验野外环境	3.720	0.900	3.940	1.142	0.006
观赏自然风景	4.290	0.802	4.340	0.992	0.415
感受藏族文化	3.750	1.010	3.760	1.162	0.887
放松	4.070	0.859	4.100	1.059	0.681
走生态步道	3.870	0.828	4.100	1.010	0.002
观看野生动物	3.660	1.001	3.660	1.043	0.943
聆听大自然的声音	4.080	0.909	4.110	1.035	0.740
体验孤独	2.660	1.223	3.190	1.434	0.000

（3）协同力系统（P_C）。这部分的研究主要在访谈基础上，运用解释结构模型（Interprettive Structural Model，ISM）进行分析。这一模型在1973年由美国学者John Warfield提出，用于分析社会经济系统中复杂的结构问题，主要是将复杂结构系统分解为若干子系统和要素[①]，广泛应用于通航环境、医药供应、技术创新等领域。为辨识普达措国家公园环境教育的协同力系统，笔者和研究团队对公园所涉及的多机构负责人和工作人员进行了访谈。主要访谈对象如表4-13所示。

---

① 周成、冯学钢：《基于"推—拉"理论的旅游业季节性影响因素研究》，载《经济问题探索》，2015年第10期，第33页。

表 4-13 普达措国家公园环境教育协同力机构访谈对象

编号	访谈对象	身份介绍	代表角色	访谈次数	访谈方式
1	ZYQ	云南省林业厅自然保护处国家公园管理办公室工作人员，负责国家公园具体管理工作	政府	2	面谈
2	ZMC	云南省林业厅自然保护处处长，负责云南保护地管理工作	政府	1	面谈
3	YF	云南省林业厅自然保护处副处长，负责云南保护地管理工作	政府	1	面谈
4	TH	普达措国家公园管理局局长	政府	3	面谈
5	HSQ	普达措国家公园管理局副局长	政府	3	面谈
6	HSP	普达措旅业务分公司总经理	国家公园运营方	3	面谈
7	YLY	普达措旅业务分公司副总经理	国家公园运营方	2	面谈
8	SJT	普达措旅业务分公司办公室主任	国家公园运营方	3	面谈
9	LH	普达措旅业务分公司业务部主管	国家公园运营方	6	面谈
10	WY	在地自然创始人	社会机构	2	面谈
11	WXM	西双版纳植物园环境解说部负责人	植物园环境教育项目负责人	3	面谈
12	HH	西双版纳植物园环境解说部主管	植物园环境教育项目执行人	2	面谈
13	BJ	三只熊自然机构负责人	环境教育策划和执行人	1	面谈
14	YR	WWF 环境教育部门负责人	非营利组织	1	面谈
15	TL	WWF 环境教育项目主管	非营利组织	2	面谈
16	GL	昆明某重点中学校长	学校	1	面谈
17	ZZG	昆明某重点小学副校长	学校	1	面谈
18	ZSS	昆明某小学老师	学校	1	面谈

访谈对象一共 18 人，其中政府机构 5 人，普达措国家公园运营方 3 人，从事环境教育业务的社会机构人员 2 人，版纳热带植物园环境教育部 2 人，营利机构 1 人，非营利组织 2 人，学校 3 人，访谈主要围绕开展环境教育涉及的人员、资金、教学资源及相关政策方面进行，通过访谈获得的资料，基于黄石国家公园环境教育的协同力系统，对普达措国家公园环境教育的协同力系统进行对比分析。通过运用解释结构模型，普达措国家公园环境教育的

协同力系统主要来自公园的多利益相关主体，包括政府、非营利组织、营利机构、特许经营商四大相关利益主体。

①政府。鉴于国家公园的"国家"属性，政府是国家公园的所有者，是国家公园环境教育的监管者，在国家公园环境教育供应中起主导地位，主要负责对国家公园环境教育统筹规划，提供土地、资源、税收优惠等政策，并对国家公园内核心的环境教育资源进行运营和管理。

表 4-14 中央政府激励社会力量参与环境教育的政策

时间	文件名称	下发部门	主要内容
2015 年 11 月 25 日	《关于支持旅游业发展用地政策的意见》(国土资规〔2015〕10 号)	国土资源部 住房和城乡建设部 国家旅游局	保障旅游业发展用地供应，促进文化、研学旅游发展
2016 年 8 月 21 日	《关于改革社会组织管理制度促进社会组织健康有序发展的意见》	中共中央办公厅 国务院办公厅	培育发展社区社会组织，完善扶持社会组织发展政策措施，支持社会组织提供公共服务
2016 年 11 月 30 日	《教育部等 11 部门关于推进中小学生研学旅行的意见》(教基一〔2016〕8 号)	教育部 国家发展改革委 公安部 财政部 交通运输部 文化部 食品药品监管总局 国家旅游局 保监会 共青团中央 中国铁路总公司	将研学旅行纳入中小学教育教学计划，加强研学旅行基地建设，规范研学旅行组织管理，健全经费筹措机制
2017 年 8 月 22 日	《志愿服务条例》	国务院	明确志愿服务的管理体制，强化权益保障和促进措施
2017 年 9 月 26 日	《建立国家公园体制总体方案》	中共中央办公厅 国务院办公厅	建立健全政府、企业、社会组织和公众共同参与国家公园保护管理的长效机制，探索社会力量参与自然资源管理和生态保护的新模式。加大财政支持力度，广泛引导社会资金多渠道投入。开展自然环境教育，为公众提供亲近自然、体验自然、了解自然以及作为国民福利的游憩机会
2018 年 4 月 19 日	《关于在旅游领域推广政府和社会资本合作模式的指导意见》(文旅旅发〔2018〕3 号)	文化和旅游部 财政部	在旅游领域推广政府和社会资本合作模式，优化旅游公益性服务和公共产品供给，创新旅游公共服务领域资金投入机制

从表 4-14 可以看出，从 2015 年以来，国务院和多个部委联合出台了一系列政策，激励多种社会力量参与环境教育相关事宜，中央政府通过政策的发布，为国家公园环境教育提供了资金投入、PPP 模式、保障机制、组织建设和规范化等支持，并鼓励政府和企业、社会组织等合作开展国家公园环境教育。

鉴于国家公园的试点阶段的属地管理，地方政府也在国家公园体制试点中，积极响应中央政策，激励多种力量协同参与环境教育，如普达措国家公园试点方案中就提出"引入 PPP 模式，鼓励社会主体参与国家公园建设，政府与社会主体建立起'利益共享、风险共担、全程合作'的共同体关系"，要通过制定试点区投资机制、社会捐赠机制、志愿者服务机制、社会参与合作管理机制和社会监督机制，充分调动社会各界参与国家公园的保护、管理和开发。三江源国家公园在鼓励 PPP 模式的基础上，"鼓励社会资本发起设立绿色产业基金，撬动社会资本加大对绿色产业的投入力度"。

②非营利组织。非营利组织在黄石国家公园的环境教育体系中起着重要作用，是公园环境教育的协同力主要来源，但在普达措公园鲜有非营利组织的身影。根据访谈，公园在成立初期有非营利组织的活动，主要是在 TNC（大自然保护协会）[①]的帮助下对公园的设置和规划开展工作，后来，TNC 等国际非营利组织就逐渐淡出了普达措国家公园的舞台。一是根据中国法律法规，国际非营利组织不能在中国境内募集资金，资金只能来自国外总部；二是普达措公园本身处于敏感的藏区，又靠近边境地区，"他们（非营利组织）在（公园）里面活动（对公园造成）不安全"[②]，公园的管理机构对国际非营利组织进入公园内开展活动采取不支持和不鼓励的观望态度。至于国内的非营利组织，在环境教育方面本身就欠缺运作实力和经验，很难在普达措国家公园内开展可持续性的环境教育活动。

③营利机构。目前在中国国内开展环境教育项目的营利机构主要分为两类：一是社会型企业，如云南的在地自然等，这类型企业从事以公共利益为

---

① 大自然保护协会（The Nature Conservancy, TNC）成立于 1951 年，是国际上最大的非营利性的自然环境保护组织之一，网址：http://www.tnc.org.cn/。

② 资料来源：根据对普达措国家公园管理局工作人员访谈整理，访谈时间：2017 年 7 月。

目标的营利事业，但其营利不全是为了出资股东，而是为了提升竞争力、可持续经营和扩大服务；二是转型升级后的旅行社，主要以研学旅行机构的形象出现，经营业务由传统的大众旅游向具有主题性和教育性的研学旅行转换，如八只熊研学教育机构、康辉旅行社下设的旅游部、香格里拉旅行社等。这两类营利机构也是由于僵硬的门票制度和普达措公园高原特点，只偶尔在组织活动时将普达措国家公园设为其中一个点，并没有专门开发与普达措国家公园相关的环境教育项目。

④公园运营方。公园目前的运营方是普达措旅业分公司，正如前文所述，公园的组织架构中并没有专属的环境教育管理部门，也没有专属资金用于环境教育项目的开展，因此这部分协同力亟须建立。

通过研究，发现与黄石良好的协同力系统迥异的是，普达措虽然确立了"环境教育"这一核心功能，但仅仅局限于公园的设想之中，并没有在多中心理论的指导下，确立多机构和多组织的协作机制。

（4）引导力系统（P_G）。黄石国家公园环境教育的引导力来自国家公园管理局的统一规划、管理和评估。普达措国家公园接受普达措国家公园管理局的直接管理，但管理局由于权限、资金和人员的限制，没有专门的部门开展对公园环境教育的规划和建设工作，环境教育的引导工作分散于社区协调科、保护管理科和规划管理科。社区协调科主要通过生态补偿金标准的制订和发放对社区居民进行环境教育，保护管理科侧重于在生态保护与监测中为环境教育提供科研和素材的保障。而根据对规划管理科的调研，目前普达措国家公园正在进行公园整体规划的制订，根据国家公园试点的需要，对环境教育解说的规划正在制订中。这部分动力系统与黄石相比也是欠缺的。

（5）驱动力系统（P_D）。科研支撑、志愿者、营利机构和社会捐赠是黄石国家公园的四大驱动力主要构成，将之用于分析普达措国家公园环境教育动力机制的驱动力系统，发现这一动力系统乏力。

科研支撑方面，普达措国家公园从建立之初，就一直开展各项科学研究。一是公园管理机构与中国科学院昆明动物研究所、植物研究所，国家高原湿地研究中心，西南林业大学、云南大学、云南师范大学，大自然保护协会等数十家科研院所和机构合作，开展了生态保护、动植物监测、社区发展、游客管理、规划设计、旅游发展等诸多领域的研究。二是成立了国家公园专家咨询委员会，开展了管理政策方面的研究，如《云南省国家公园立法可行性研究》《云南省国家公园发展战略研究》《云南省国家公园和自然保护区旅游项目生态补偿政策研究》《云南省国家公园技术标准体系研究》《国家公园特许经营研究》《国家公园功能区划研究》《云南省国家公园和自然保护区建设项目生态补偿政策研究》《基于国家公园体制的保护地体系研究》等一批研究课题，通过研究制定了 8 大国家公园技术标准。三是国内外众多研究者也以试点区为案例点，开展了大量的科学研究。但是用于环境教育的最主要数据支撑来源的研究——资源本底调查进展并不顺利，至今没有与委托单位签订协议，这就为环境教育专项规划和活动开展进行了限制，只能根据自然保护区范围的资源开展相关活动。环境教育的开展无法更好呈现国家公园的价值和意义。

志愿者方面，以每年 6—10 月云南省内大专院校实习志愿者为主，以开展环境教育解说为主要工作范围，普达措国家公园为其提供食宿和每月 1500元的实习补助金，并根据工种需要开展相关培训，笔者在调研中发现其志愿者主要来自西南林业大学、曲靖师范学院的在校大学生，所学专业一般是旅游类或外语，并没有与公园资源相关的地质、动物、植物或藏文化类专业。除此以外，对志愿者精神的培育和志愿者体系的建设并没有相关制度做支撑。个人或其他组织的志愿者没有渠道可以参与到公园的管理和环境教育之中。

营利机构的参与方面，主要是以香格里拉旅行社组织的带有环境教育的旅游活动为主，其他营利机构并没有组织在公园内开展环境教育活动。

社会捐赠方面，目前香格里拉普达措国家公园管理局、碧塔海省级自然保护区管护局、三江并流国家风景名胜区管理办公室、三江并流世界自然遗产迪庆管理中心的人员工资和公用经费由财政予以保障，建塘国有林场和洛吉国有林场为事业单位企业管理，人员工资和公用经费由财政予以部分保障；试点区的天然林保护、退耕还林、公益林管护、森林防火、自然保护区管理、湿地保护与恢复和病虫害防治等工作由各级林业部门的专项资金予以保障；公园的基础设施建设、游客服务、运营和社区补偿的资金主要来源于迪庆州旅游发展集团有限公司的投融资和门票、环保车等收入，并没有建立社会捐赠的相关规章制度。

从上述分析可以看出，与黄石相较而言，普达措的驱动力系统是残缺不全的。驱动力系统的残缺不全，使得普达措国家公园的环境教育之车如同少了车轮，无法保持前进的状态。

（6）摩擦力系统（P_f）。阻碍物体相对运动或相对运动趋势的力叫作摩擦力，英文为 friction。摩擦力通常与物体相对运动或相对运动趋势相反，摩擦力的存在对动力的有效发挥起着一定的阻碍和阻滞效应，对动力机制的发挥造成了负效应。通过研究发现普达措国家公园环境教育的开展存在一定程度的摩擦力。

①NGO 组织进入藏区受到限制。从世界范围来看，NGO（Non-Governmental Organization，非政府组织）是环境教育等公益性为主活动和保护地类型的活动开展主体，就环境领域内的 NGO 而言，1994 年诞生的"自然之友"是中国"改革开放以来成立的第一家民间自发的、与西方现代 NGO 最接近的草根组织"[①]，其诞生到今天，环境领域内 NGO 发展迅猛，在倡导环境保护、提高公众环保意识、促进公民参与环保行动、参与和推动环保政策、协助环境维权、监督环境政策实施、推动企业环保责任等多方面起了积极推动作用。如位于四川省绵阳市平武县东部的老河沟自然保护区从 2013 年获批开始，主要是在大自然保护协会（以下简称 TNC）的指导下开展科研、监测和自然教育体验工作，开创了中国第一个社会公益型保护地模式，四川王朗国家级自然保护区开展环境教育主要是在世界自然基金会（WWF）指导下进行，普达措国家公园在构想初始，也是在 TNC 与当地政府、学者的合作力推下从蓝图走向了现实。

与其他 NGO 一样，环境 NGO 具有组织性、非营利性、自治性、志愿性、非宗教性等特征。我国环境 NGO 分四种类型：一是由政府部门发起的环境 NGO，如中华环境联合会、中华环境基金会等；二是由民间自发组成的环境 NGO，如"自然之友""地球村"、以非营利方式从事环境活动的其他民间机构等；三是学生社团及其联合体，包括学校内部的环境社团、多

---

① 邓国胜:《中国环保 NGO 发展指数研究》，载《中国非营利评论》，2010 年第 2 期，第 200 页。

个学校环境社团联合体等；四是国际环境 NGO 驻大陆机构，如 WWF、TNC 等。

　　根据环境领域中国 NGO 情况调查[①]，以环境教育为主的非营利组织在环境领域中所占比例较大，且主要侧重于公众环境意识提高、教育、可持续发展项目等工作方式，但就 NGO 进入普达措国家公园开展环境教育活动而言，受访的公园管理和经营机构谈道，"我们不接受 NGO 进来搞（环境教育）活动，这里是藏区，（进来搞活动对藏区）不安全"。目前 NGO 受到的限制主要来自：一是法律层面的限制，NGO 登记注册的法律法规还不完善，在中国获得合法身份的渠道是通过工商部门或民政部门登记，通过前者渠道登记与 NGO 的非营利性和公益性不匹配，且通过工商部门登记使得本已资金困难的 NGO 还需要缴纳税款；通过后者渠道登记的主要法律依据来自 1998 年 9 月 25 日通过的《社会团体登记管理条例》和同年 10 月 25 日施行的《民办非企业单位登记管理暂行条例》，但这两部法规的一些规定并不有利于 NGO 的合法身份的获得（董敏等，2011）[②]，合法身份获得困难极大地限制了 NGO 在具有国家意义的场域开展环境教育项目和活动，也无法享受非营利组织应享有的减免税待遇。二是资金募集层面的限制，"我们 WWF 因为登记注册地在境外，所以无法在中国境内募集资金"[③]，这一话语道出了中国大多数环保 NGO 的资金困境，资金募集渠道限制了环境教育的资金来源。根据上述两部对 NGO 进行管理的法规，在中国境内的环保 NGO 不能进行营利活动，目前其经费主要来自会费、政府资助和企业捐赠，会费仅占环保 NGO 资金的小部分，政府资助很少，而企业捐赠由于 NGO 内部管理的不规范，加之没有相应的税收减免政策做支撑，来自企业的捐赠相当有限。法律层面和资金募集层面的限制使得环保 NGO 在普达措国家公园开展环境教育受到了限制。

　　此外，由于普达措国家公园所处的香格里拉市属于康巴藏区，藏区的安

---

　　① 参见：环境领域中国 NGO 情况调查［R/OL］.https：//wenku.baidu.com/view/d99591e86294dd88d0d26b4c.html.

　　② 董敏、牛振平：《我国环保 NGO 发展的制度障碍及其保障》，载《重庆与世界》，2011 年第 3 期，第 224 页。

　　③ 根据 2016 年 10 月在美国参加北美环境教育年会对 WWF 中国区环境教育项目负责人 YR 访谈整理。

全和稳定直接关系着国家的主权和领土完整[①]，活跃在藏区的少数境外NGO不同程度地从事着非法活动[②]，据不完全统计，目前在我国活动的数千家境外NGO中，有政治渗透背景的就有数百家[③]，普达措国家公园管理机构对于NGO尤其是境外NGO的进入采取了谨慎的态度，"现在一般都不允许NGO进入公园开展活动了，我们是藏区，维稳是最重要的"[④]。

②高海拔限制。普达措国家公园海拔在3500米至4159米，尤其是二期范围内南宝湖区域，海拔达到了4200米左右，按照国际通行的海拔划分标准：1500~3500米为高海拔，3500~5500米为超高海拔，公园大部分地区位于超高海拔地区，人们在这种环境下，容易产生高原反应，会有头痛、头昏、恶心呕吐、心慌气短、胸闷胸痛等症状，严重者甚至会危及生命。高原旅行常见并发症的存在[⑤]对于人们参与普达措国家公园环境教育活动形成了"双刃剑"，一方面，高原独特的气候和冒险特质构成了其独有的吸引力，另一方面，也构成了阻碍因素。某研学机构负责人BZX就提道："我们也想组织孩子们去普达措国家公园开展（环境教育）活动啊，但是海拔太高，成人都会有反应，怕孩子们受不了，暂时不考虑。"

③相对僵化的门票征收制度。普达措国家公园从试营业开始接待游客起，进入国家公园的门票为120元/人、乘坐环保大巴的车票为138元/人。但是，从2017年8月18日起，普达措国家公园暂时封闭了碧塔海全线区域、9月3日起暂时封闭了弥里塘亚高山牧场，门票价格也随之调整为50元/人、环保大巴车票88元/人，且门票只能一次进入。一次准入的门票制度限制了游客多次进入。对比黄石国家公园的门票制度，针对普通家用轿车征收25美元的入园费，且凭门票可以在7天内多次进入，若游客选择黄石国家公园和大提

---

① 赵会、陈旭清：《境外非政府组织（NGO）与西藏治理关系研究》，载《理论月刊》，2015年第4期，第118页。

② 同①。

③ 唐红丽、王存奎：《辩证看待境外非政府组织》，载《中国社会科学报》，2014年5月14日，A04。

④ 根据对普达措国家公园管理局工作人员访谈整理。

⑤ 李颖、王海军、李抒：《高原旅行常见并发症的防治》，载《中国国境卫生检疫杂志》，1999年第2期，第119页。

顿国家公园的通票，则价格为 50 美元，若是国家公园年票，价格则为 80 美元。根据世界银行的资料，2017 年中国人均国民总收入（GNI）为 8690 美元，世界排名第 64 位，而美国则为 58270 美元，世界排名第 6 位。现有的门票制度一是相对于国民收入价格偏高，此外，管理僵化制约了多日环境教育活动在公园内的开展。

　　④住宿接待设施的限制。环境教育是一个渐进的过程，需要在与环境的充分接触中完成从"知识—理念—行为"的渐进转变过程，短时间的环境教育活动难以看到变化，因此"一般环境教育活动都需要住宿，最短也要两三天[①]"这就对住宿接待设施提出了要求，国外国家公园的住宿接待设施以自然、生态的理念设计为主，并不强调舒适度，关注的是与环境的紧密结合，国内开展环境教育活动的机构也因地制宜。笔者在国内外的调研中发现，环境教育的住宿接待设施一是公园或自然教育机构为活动所需修建的住宿设施，类似中国的学生宿舍，二是因地制宜，采取帐篷露营的形式解决住宿设施。通过对游客的问卷调查，大部分游客会选择在公园外或内住宿，但目前普达措国家公园一期范围内的接待设施位于公园门禁 8 公里处的洛茸村，是由普达措旅业分公司统一经营，有客房 30 余间，最大接待量不到 70 人，无法满足大规模环境教育活动的需求。公园内外的露营行为几乎为零，当地香格里拉旅行社曾经在公园内树海宾馆室外开展了半年左右的露营环境教育类旅游项目，但是公园管理方觉得"他们（指环境教育活动主办方）进入公园内搭帐篷，不好管理"，而环境教育主办方——香格里拉旅行社 PJS 也觉得住宿地段水电基础设施不够，想带着游客出去参与民俗活动或吃饭，又面临二次进园的门票问题，因此"搞了几次活动就没搞了"。住宿接待设施的单一和缺乏构成了摩擦力。

4.3.2.3 动力机制子系统对比结论

　　由以上分析，可将黄石国家公园环境教育的动力用公式总结为：

$$P_{EE}=f\,(\,P_{p1},\ P_C,\ P_G,\ P_{p2},\ P_D\,)$$

其中，P_{p1} 是黄石国家公园环境教育的推动力（Push Power），P_C 是黄石国

---

① 根据 2016 年 5 月对在地自然创始人 WY 访谈资料整理。

家公园环境教育的协同力（Collaborate Power），P_G 是黄石国家公园环境教育的引导力（Guide Power），P_{p2} 是黄石国家公园环境教育的拉动力（Pull Power），P_D 是黄石国家公园环境教育的驱动力（Drive Power），五种作用力的合力决定了黄石国家公园环境教育的动力，合力的大小决定了动力的大小。因此普达措国家公园的动力系统公式可表示为：

$$P_{EE}=f\left(P_{p1}, P_C, P_G, P_{p2}, P_D\right)-f\left(P_f\right)$$

其中，P_{p1} 是普达措国家公园环境教育的推动力，P_C 是普达措国家公园环境教育的协同力，P_G 是普达措国家公园环境教育的引导力，P_{p2} 是普达措国家公园环境教育的拉动力，P_D 是普达措国家公园环境教育的驱动力，P_f 是普达措国家公园环境教育的摩擦力系统，当 $f\left(P_{p1}, P_C, P_G, P_{p2}, P_D\right)$ 大于 $f\left(P_f\right)$ 时，即动力大于摩擦力时，普达措国家公园环境教育动力即为正反馈，反之则为负反馈。

从 ESFP 结构模型的角度，两个国家公园的动力子系统都基于推动力和拉动力子系统发展，还都具有协同力、引导力和驱动力等中介因素，普达措还具有摩擦力系统。深究其机制关系，发现黄石国家公园因为有了国家公园管理局强有力的引导力、非营利组织的协同力以及来自科研、志愿者、营利机构和社会捐赠的强大驱动力，将黄石国家公园引入急速飞驰的"汽车"时代，相形之下，普达措国家公园的动力子系统具有强劲的推动力和拉动力子系统，而国家公园管理局的引导力和驱动力相对薄弱，缺乏协同力帮助国家公园环境教育进入匀速前进的阶段，且摩擦力的出现也使得普达措国家公园前进的路程充满坎坷。

4.3.3 动力功能（F-Functions）对比

4.3.3.1 黄石动力功能（F-Functions）

黄石国家公园环境教育各系统要素和动力子系统协调运作，发挥着"规划—实施—控制—反馈"的闭合功能，见图4-16。

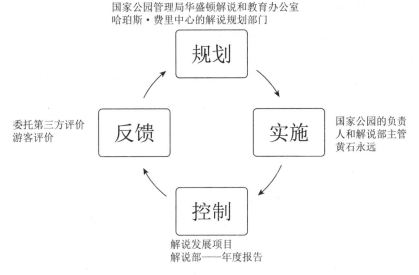

国家公园管理局华盛顿解说和教育办公室
哈珀斯·费里中心的解说规划部门

委托第三方评价
游客评价

国家公园的负责
人和解说部主管
黄石永远

解说发展项目
解说部——年度报告

图 4-16　黄石国家公园环境教育动力机制功能

（1）规划功能。在国家公园环境教育理念的建立和标准的确立方面，美国
国家公园坚持由统一的管理机构来指导和监督执行，主要是由国家公园管理局
华盛顿解说和教育办公室及哈珀斯·费里中心的解说规划部门统一管理。这两
个部门主要负责与环境解说相关的规划、政策和行动指南制定等。每个国家公
园单位在其统一管理和指导下，通过公园员工、地方政府、哈珀斯·费里中心
和特许经营商等的协同合作，制定并执行公园自己的综合解说规划。

从 1995 年开始，美国国家公园管理局就在环境教育项目上采用了统一的
规划体系，都在总体管理规划（General Management Plan，GMP）和综合解说
规划（Comprehensive Interpretive Plan，CIP）框架下进行。其中综合解说规划
对解说主题的确定、期望获得的游客体验、公园面临的挑战、解说内容、解
说对象、解说方式等诸多方面都进行了规划。综合解说规划的有效期是 7~10
年，由哈珀斯·费里中心制定。所有参与环境教育服务项目的工作人员，包
括人员解说、解说媒介及相关合作伙伴，都需要尊重综合解说规划，并在其
经营和管理活动过程中协调好与综合解说规划的关系，其执行过程由国家公
园的负责人和解说部主管负责。

CIP 是对国家公园的环境教育体系的总体建构，是公园的主要行动指南。

为了更具有操作性和及时更新性，CIP 主要由三部分组成，如图 4-17 所示。CIP 的核心是长期解说规划（Long-Range Interpretive Plan，LRIP），LRIP 主要对公园的总体理念和长期解说目标（一般是 5~10 年）进行界定。在制定 LRIP 的过程中，为达成 LRIP 目标的各种策略和行动被细化为可操作性的年度行动步骤，就形成了年度实施计划（Annual Implementation Plan，AIP），通常按年度制订和实施，主要对当年在解说和教育方面的设想、财政预算、相关信息等方面需要采取的行动和面临的挑战进行分析，并将本年度项目与上一年度项目进行对比。CIP 的最外层部分是解说数据库（Interpretative Database，ID），包含了支撑 LRIP 和 AIP 的各种信息和数据，如各种媒体资源、公园的策略计划、相关法律法规、游客调查数据、报告等各种基础信息。

环境教育的规划实质上是要在充分了解公园的资源和特色，对公园的重要性和存在价值的基础上进行的；环境教育规划的实施为游客体验提供了多元化的机会，这些机会在游览过程中会影响体验度，也将持续影响游客参观游览后的知识、态度和行为；环境教育规划也对公园提供的设施设备和活动项目进行了统一规划，将有助于公园资源的保护和可持续性发展。通过科学、有效的环境教育规划，将在公园的保护和游憩之间构建良好的平衡关系。

图 4-17　综合解说规划（CIP）构成

（2）实施功能。实施功能由国家公园的负责人和解说部主管以及黄石永远这一非营利组织联合实施。美国国家公园管理局设 1 位局长进行统筹，将管理事务分为运营类和国会及对外关系类。其中运营类事务由 8 位主任分别管理，其中就有"解说、教育和志愿者"部门，主任直接对环境教育的具体工作负责。此外，还分设跨州的 7 个地区局作为国家公园的地区管理机构，并以州界为标准来划分具体的管理范围；基层管理部门为各公园，每座公园则实行园长负责制，并由其具体负责公园的综合管理事务[①]，每个公园有自己的解说和游客教育部门，对环境教育的开展进行管理和相关授权。

黄石永远是黄石国家公园的官方非营利合作伙伴，其前身是黄石协会（Yellowstone Association）和黄石公园基金会。最初黄石协会主要承担环境教育的项目开展，而黄石公园基金会主要进行资金筹措，2016 年《国家公园管理局组织法》颁布百年之际，两家非营利组织合二为一。在其成立书中，黄石永远宣称其宗旨是通过环境教育项目的开展和筹措资金，确保黄石世世代代地永久延续，使国家公园"不仅为当代所享用、也为后代所享用"，确保国家公园的理念得到有效传承。整合过后的黄石永远主要通过提供教育规划、产品和服务，帮助人们享受，理解和欣赏公园的野生动物、地质和文化历史；并且提供志愿服务和社区关系发展以及提供参加国家公园管理的机会，其通过游客体验和教育项目将人们与黄石联系在一起，并将这些经验转化为终身支持和慈善投资，以保护和提升未来的公园；此外，还通过对热爱公园的人的全方位培养和管理，建立了一个广泛的支持者网络，迄今为止，其成员已经超过 5 万余名，主要通过筹集资金来支持园区的重点项目建设。黄石永远旗下的业务还包括 11 个教育商店，每年销售总额超过 490 万美元。此外，其下设的黄石永远研究所（Yellowstone Forever Institute），每年提供 600 多个有一定深度的项目。

（3）控制功能。在执行过程中，主要由国家公园的负责人和解说部主管进行质量控制，国家公园解说部门的负责人每年还需要向华盛顿办公室解说

[①]　蔚东英：《国家公园管理体制的国别比较研究——以美国、加拿大、德国、英国、新西兰、南非、法国、俄罗斯、韩国、日本 10 个国家为例》，载《南京林业大学学报（人文社会科学版）》，2017 年第 3 期，第 89 页。

和教育办公室提交相关的年度报告。此外，还对人员的质量进行控制，要确保所有的解说服务由经过专业训练的高素质人员提供，达到管理局的国家标准。为达到这一标准，管理局在基于解说发展项目（Interpretive Development Program，IDP）的基础上开发了网络远程学习和认证平台。参与解说服务的工作人员可以通过这一平台获得解说和教育技能，并通过相关的能力和技能考试。工作人员包括不同层次，其中，国家公园管理局的解说和教育员工需要达到最综合的标准，以便为诸如法规执行者、志愿者和合作伙伴等其他雇员提供范式和指导作用。

（4）反馈功能。环境教育质量的反馈通过第三方评估和游客的评价进行。第三方评估往往委托大学的科研机构进行，每3~5年进行一次。笔者在访学期间参与了国家公园管理局委托华盛顿州立大学社会科学学院进行的游客调查工作。整个调查工作有周密的计划，一共需要在公园的北门、西门、南门三处进行，按照需要搜集的问卷数量除以工作总天数确定问卷收集的频次。因为在美国游览黄石的游客大都采用汽车交通方式，最初是每12分钟在指定地点拦下一辆车，请车上任意一位18岁以上的游客（保持随机性）填写问卷，为节约时间，问卷采取邮寄方式回收，请游客留下电子邮箱并记录下出游基本信息，发放问卷给游客，请游客在游完黄石后填写并投入任一美国国内邮箱即可（邮资已付）。若两周内没收到问卷，通过电子邮箱与游客联系以提高问卷回收率。严格控制调研的进程保持了问卷的随机发放，增加了问卷的代表性。负责此项目的 Lena 教授说"整个问卷回收过程就长达2~3个月，问卷里面的问题也是由国家公园管理局和研究人员共同制订的。且现在使用的问卷在20多年前就制定了"，只根据需要适当做一些小的修订。基本不变的问卷模式也便于对问卷结果的纵向分析。通过第三方评估加之在环境教育过程中游客的反馈，实现了反馈功能。

4.3.3.2 普达措动力功能（F-Functions）

普达措国家公园环境教育动力机制尚未形成闭合的动力功能。

（1）规划功能。早在试点之前，普达措国家公园就有了按照国家公园理念指导的总体规划，最初是2006年2月由州政府通过的由西南林业大学生态旅游学院编制的《香格里拉国家公园——普达措总体规划》，2010年12月，由国家林业局昆明勘察设计院编制的《云南香格里拉普达措国家公园总体规划》由云南省政府正式批准通过，2015 年普达措国家公园进入试点单位后，又委托国家林业局昆明勘察设计院编制符合试点要求的总规，可以说从公园的探索期到试营业期再到试点阶段，普达措国家公园的建设和利用都是在总体规划的指导下进行的，在总规里面也以"宣教规划"为题专门一章节对公园的环境教育进行了总体构想，但是公园成立至今，并没有总规指导下的关于环境教育的专项规划和实施计划。2017 年按照国家试点方案要求，香格里拉普达措国家公园管理局委托云南大学的专家团队进行《生态教育解说规划》的编制，规划功能即将在试点结束之前实施。

（2）实施功能。规划功能的暂时缺失并没有阻碍实施功能的施行。从公园建立之初，就按照生态保护和可持续发展利用的理念规范公园的经营管理，如建立生态厕所对废弃物进行无污染处理，采用生态补偿机制鼓励社区居民参与环境保护活动中等。此外，2015 年建成的新游客中心，增添了环境教育设施。但由于没有详细的环境教育专项规划做指导，加之没有成立专门的部门开展环境教育，主要由旅游部负责，在导游解说过程中只能进行最基本的环境教育。这部分功能在普达措有所体现，但仅限于环境教育的最表层面。

（3）控制和反馈功能。对于环境教育质量的控制和反馈评估工作，也被列入旅游部的工作范畴，游客调研主要由公园经营方针对满意度进行测评，按照云南省旅游发展委员会的要求上报测评结果，因此，并不具有对公园环境教育质量和反馈的参考意义。

4.3.3.3 动力功能对比结论

普达措国家公园对游客实行的是最基础的环境教育，囿于知识层面的宣贯，而对环境道德和技能的培养疏于关注，从实施、控制和反馈功能来看，现有情况下，普达措国家公园资金、人员、媒介和运营管理系统不健全，影响了功能的发挥，而单纯借鉴美国公益性路径模式，并不能发挥活力。

从 ESFP 模型的机制分析，黄石国家公园形成了"规划—实施—控制—反馈"的闭合循环系统，推动着公园的环境教育的开展，而普达措国家公园囿于系统要素的单一和动力子系统的不完善，仅仅形成了"规划—实施"的动力功能（见图 4-18）。

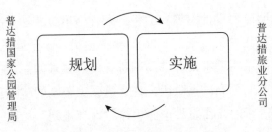

图 4-18 普达措环境教育动力功能

4.3.4 动力实现路径（P-Paths）对比

4.3.4.1 黄石动力实现路径（P-Paths）

（1）公益性路径。环境教育是国家公园功能的体现，功能的发挥需要项目和产品作为载体，体现黄石国家公园环境教育功能和国家公园"全民所有"这部分的项目和产品需要通过公益性路径实现，主要采取政府供给形式。一是环境教育项目和产品的设计和执行者来自国家公务员系统，如华盛顿教育解说部的工作人员以及黄石国家公园解说部的解说巡护员是联邦政府的正式工作人员，享受和政府其他公务人员的同等待遇。二是相关志愿者的志愿补贴也来自财政收入。根据《志愿者保护法》，在黄石国家公园工作的解说志愿者，由公园免费提供相关的食宿，并按蒙大拿州（黄石所在州）的最低收入标准提供志愿补贴。通过政府供给的形式保障了公园内公益环境教育项目的开展，因此这类项目不能再向公众征收费用，包括免费的公园报纸、导览手册、每天定时的巡护员演讲、篝火演讲、环境教育视频播放、巡护员引领的项目及网上提供的可供下载的环境教育素材等，公众只需要按照时间安排，到达集合地点即可以参加。近几年随着国际游客的增多，多语种的环境教育产品和项目也随之出现。笔者在田野调查中，看到其公园报纸和导览手册除了英文版本外，还有中文和葡萄牙语版本，在参与黄石环境学习中心的间歇泉巡护员引领项目中，负责引领的巡护员除了用英语进行解说外，还努力用不太标准的"普通话"对笔者进行专业引领。

（2）市场性路径。黄石国家公园的游客众多，单靠国家公园管理局和黄石国家公园管理机构提供的公益性环境教育项目难以满足众多游客的需求，因此国家公园也允许持有合法资质的营利机构通过特许经营进入公园内开展环境教育项目，这些项目通常和旅游活动结合在一起，在旅游活动进行中对游客进行环境教育。如黄石国家公园内有条经典的野生动物追寻之旅项目，通常时间是半天，游客可以乘坐具有历史感的黄色小卡车，在专业人士带领下在 lamar valley 追寻野生动物，通常可以看到北美野牛和麋鹿，运气好的话能看到曾经一度被灭绝的灰狼，在专业导游解说的黄石灰狼的历史中体会到这一物种对于生态系统的重要性以及人们对其认识的不断转变。通常这种带有环境教育性质的旅游活动至少需要提前 2 天预订，收费一般是半天 100 美金左右，但仍然供不应求。通过特许经营允许旅行社等进入黄石国家公园范围内开展具有环境教育意义的专项旅游活动，在一定程度上弥补了由政府供给的环境教育产品和项目的不足，也增加了游憩的体验度。

（3）公益性 + 市场性混合路径。单靠政府供给或市场供给难免会有供给不足或市场失灵的问题，因此众多的非营利组织选择了公益性 + 市场性结合的混合路径提供多种形式的环境教育产品。一方面，通过提供收费的环境教育产品用于项目开展所需费用和非营利组织的运营费用，并将资金盈余部分用于新的环境教育项目开发和其他免费项目的支撑。根据美国对非营利组织的税法规制，非营利组织从事与其组织目标一致的商业活动时，获得的收入被视为"相关收入"，可以根据税法 106（c）条款，享受税收减免，但不得将募集到的资金用于成员之间的再分配或转变为私人财产，因此另一方面，众多非营利组织会将通过"相关收入"获得的盈余资金和接受企业和个人捐赠获得的资金用于提供资助性的环境教育项目，这部分环境教育产品就是靠公益路径提供给公众，因此，通过大量非营利组织提供的公益 + 市场化的环境教育产品，有效地弥补了环境教育公益性供给不足或市场失灵的状况。

4.3.4.2 普达措动力实现路径（P–Paths）

目前，公园仅有普达措旅业分公司作为经营主体能参与到公园的运营和管理中，其他非营利组织和营利机构很难参与到公园的环境教育项目中，现在公园实现环境教育的路径单一，主要依靠普达措旅业分公司的单一经营路径。普达措旅业分公司的市场属性决定其主要通过市场运营的方式来运营国家公园，这也成为学术界一直批判公园"公司为主""经营旅游"的原因。

4.3.4.3 动力实现路径对比结论

黄石国家公园环境教育经过百余年的发展，已经走出了公益性、市场性和公益＋市场的混合性三条道路。运用公益性路径保障对大众环境教育的供给，实现国家公园国有民享的理念，市场性作为有效补充，增强国家公园环境教育动力机制的活力，在大型和长期环境教育项目上采用公益＋市场的公私合作模式，避免"政府失灵"或"市场失灵"局面的出现；而普达措国家公园现有环境教育单纯依赖于公园经营方的市场供给路径，容易陷入"市场失灵"的窘境。

4.3.5 机制模型（ESFP-M）对比结论

通过进一步厘清结构模型中涉及的作用机制和关系构成，得出普达措国家公园环境教育动力机制 ESFP 机制模型图（见图 4-19）。如果说前面构建的黄石 ESFP 结构模型图，隐喻了其通过百余年的发展磨合，环境教育已经进入"汽车"时代，在不同的道路上都能发挥动力机制，飞速前进，那么年轻的普达措国家公园在现阶段走在唯一道路上却受限于种种摩擦阻力，动力系统也并不能完全发挥作用。这对于公园环境教育动力机制未来的构建既是挑战，更是机会。

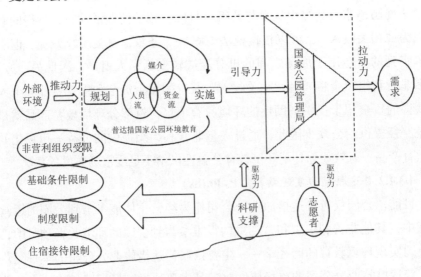

图 4-19　普达措国家公园环境教育动力机制模型（ESFP-M）

4.4 对比分析结论

从前述对比分析可以看出，相较于黄石国家公园而言，尚处于"襁褓"中的普达措国家公园环境教育的动力机制无论是要素构成还是要素之间的互动关系尚未真正构建起来（见表 4-15），有必要在要素健全、动力系统提升、功能完善和路径开拓等各方面确立相应的机制。

表 4-15　黄石国家公园与普达措国家公园环境教育动力机制比较

类别	黄石国家公园	普达措国家公园	比较结论
要素	人员流、资金流、媒介和组织多元化	单一化且要素不全资金流和组织缺乏	补齐要素
动力系统	外部动力系统、内部动力系统和驱动力系统形成合力	外部动力系统强劲、内部动力系统薄弱、驱动力系统不足、摩擦力系统存在	提升内部动力系统、增强驱动力系统、减少摩擦力系统
功能	规划—实施—控制—反馈	规划—实施	完善功能
路径	公益性、市场性、公益性＋市场混合性三条路径	市场性单一路径	拓宽路径

第5章 普达措国家公园环境教育动力机制构建

本章在运用国家公园环境教育 ESFP 结构模型和机制模型，将黄石国家公园和普达措国家公园进行对比分析的基础上，进一步明晰两个"第一"的国家公园之间的差异，发现普达措国家公园环境教育动力机制的短板，并将国家公园环境教育 ESFP 模型进行修正，从理念、主体、利益和制度四个维度对普达措国家公园环境教育动力机制进行构建。

5.1 动力机制模型的修正

通过前述理论研究和案例对比研究，对普达措国家公园环境教育动力机制的结构模型（ESFP-S）进行修正，主要从如下四方面进行（见图 5-1）。

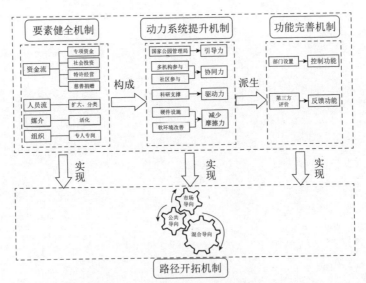

图 5-1 普达措国家公园环境教育动力机制结构模型（ESFP-S）修正

5.1.1 E——要素健全机制

针对动力系统要素中欠缺的资金流和组织要素，应逐步采用多种方式进行补位。就资金流而言，可以设立专项资金开展环境教育，如从旅游收入中固定提取 5%~10% 作为环境教育资金，同时吸纳社会资本对环境教育进行设施和项目的投资，对环境教育的市场部分可以采取特许经营的形式，并且建立社会基金的捐赠制度，鼓励慈善基金的投入。就组织要素而言，无论是国家层面的国家公园管理局还是省级层面的普达措国家公园管理局以及公园的运营方都需要成立专门机构开展环境教育专项工作。

系统要素中的人员流和媒介需要进一步泛化和活化。国家公园的"全民所有"属性就决定了其环境教育的对象应该是所有民众，而不仅仅是能去到公园的游客，对游客进行分类将有助于环境教育项目的因材施教。媒介需要与地方性知识或受教育对象的特点结合，让环境教育的形式多样，从被动的单向环境教育转化为主动的交互的环境教育形式。

5.1.2 S——系统提升机制

针对动力系统可以从提升内部动力系统、增强驱动力系统和减少摩擦力系统三个层面联动，使得普达措动力系统公式中：$P_{EE}=f(P_{p1}, P_C, P_G, P_{p2}, P_D)-f(P_f)$，$f(P_{p1}, P_C, P_G, P_{p2}, P_D)$ 的合力大于 $f(P_f)$。提升内部动力系统需要加强公园的直接管理机构的引导力，保证其对公园开展项目和环境教育质量的控制，吸引营利机构、社会组织、社会企业、院校或科研机构等多种形式的机构参与环境教育。此外，鼓励社区居民参与环境教育活动的组织和实施过程，形成多方共同参与的协同力。增强驱动力系统可以从科研支撑着手，使国家公园的环境教育与科研功能形成耦合效应。减少摩擦力系统一是需要配套硬件设施的提高，二是软环境如制度环境等的改善。

5.1.3 F——功能完善机制

控制和反馈功能的完善将有助于动力功能形成闭合体系，并且循环运转，促使国家公园环境教育功能的发挥。完善控制功能可以通过管理机构的职能来进行，设置专门的环境教育职能部门控制环境教育的过程和质量；引入第三方评价系统对环境教育进行评价和反馈。

5.1.4 P——路径开拓机制

鼓励多种路径开展环境教育，避免纯市场化的市场失灵或者政府依赖性的活力不足局面。改变市场为主或政府为主的单中心管理局面，形成多中心的路径开拓机制。同时，逐渐将市场导向和公益导向以及混合导向的路径融合，形成耦合效应。

基于以上对普达措结构模型（ESFP-S）进行的修正，针对动力机制的机制关系构建提出相关构想。国家公园的环境教育动力机制的构建需要通过制度化的运作，为在国家公园开展环境教育提供适度动力，推动环境教育发展，实现国家公园建立的目标，推动生态文明的建设。理念指导动力机制；国家公园环境教育动力机制运作的最终指向是作为主体的社会公众的需求满足；国家公园环境教育中施教者的需求、受教者的需求都表现为一定的利益所在，利益因素是环境教育动力机制中推动力子系统、拉动力子系统和协同力子系统有机联系的中介，其相互关系的发生建立在利益相关的基础之上，因此需要从利益导向、利益激励、利益约束和利益协调等方面构建和提升环境教育动力机制；制度是动力机制良性运转的保障，对动力机制的运行起着保障的作用。综上所述，需要从理念维度、主体维度、利益维度和制度维度对普达措国家公园的动力机制进行构建（见图5-2）。

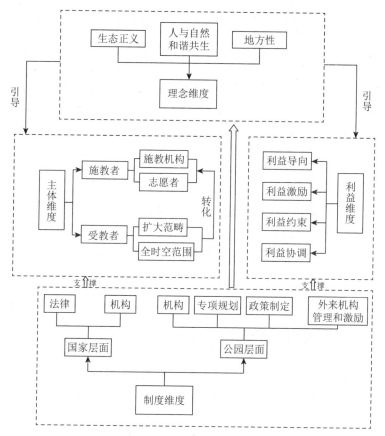

图 5-2　普达措国家公园动力机制构建框架图

5.2 理念维度的构建

理念是驱动政府、机构和个人参与到国家公园环境教育行为的重要动力因素，美国国家公园之所以形成了充满活力的环境教育氛围，得益于国家公园可持续发展的理念的驱动和支配，因此需要在中国实现理念维度的构建。

5.2.1 生态正义的理念发展国家公园

要实现自然资源的可持续发展，需要坚持生态正义[①]的思维，在人与自然

———————————

① 李永华：《论生态正义的理论维度》，载《中央财经大学学报》，2012 年第 8 期，第 73 页。

之间、种际之间和人与人之间搭建正义的伦理桥梁（刘海龙，2009）[1]。人与人之间的生态正义既包括当代人之间的"代内正义"，又包括"当代人与后代人之间的代际正义"（杨桂华等，2012）[2]，自然保护区内核心区和试验区对人类生产生活活动的绝对限制既不符合我国现有社区居民存在，后有保护区范围划定的历史事实，也在某种程度上剥夺了当代人对资源的合理利用权利，这一理念在历史时期取得了一定成效，有效保护了我国的生态环境。但在人们环境素养不断发展的今天，人们对人与环境之间的认识重新进行了界定，既要追求对自然的正义，也需要对人类的正义，既需要为了可持续发展对后代的正义，也需要维护当代人权利开展的正义，因此，国家公园作为一致可持续发展的保护地利用模式进入了国民的视野，而在国家公园中进行环境教育被视为国家公园教育与游憩功能发挥的耦合路径，既能实现环境教育的目标，又能激发人们的参与兴趣。因此，需要构建适合中国特色的国家公园环境教育理念。

5.2.2 人与自然和谐共生理念引领环境教育

在环境教育中融入人与自然和谐共生的理念，是中国国家公园环境教育的应然状态。结合普达措国家公园的现实情况分析，在公园内如果只进行自然环境教育，不能完全体现普达措国家公园的特色和实际生态体验。公园所在地域文化最大的特点是善待自然，人与自然和谐相处，这是一种生态智慧、生态文明，即藏文化生态文明。可以考虑将藏文化生态文明与自然环境教育两部分结合，作为环境教育的内容，构建普达措国家公园双核环境教育体系（见图5-3）。并在此基础上，构建融国际接轨和地域特色为一体的普达措国家公园环境教育四维体系，即将科普生态文明、自然生态文明、藏文化生态文明和藏农牧生态文明有机结合，融入环境教育动力机制的各组成部分。

---

① 刘海龙：《生态正义的三个维度》，载《理论与现代化》，2009年第4期，第15页。
② 杨桂华、张一群：《旅游生态不正义及其纠正》，载《思想战线》，2012年第3期，第112页。

图 5-3　普达措国家公园双核环境教育体系

5.2.3 地方性理念丰富环境教育

注重"地方性"的构建。深入认识普达措国家公园所在的"场域"，环境教育发生的国家公园这一"场域"不仅是被边界所包围的场所，而且是蕴含了物理空间所承载的精神和理念的体现。普达措国家公园社区居民的存在以及其生产生活为国家公园赋予了"地方"意义，形成了客观物质、功能以及意义三重属性（Relph，1976），因此，引入"地方"理论，在国家公园环境教育动力机制构建理念基础上，通过人文性维度，挖掘国家公园这一"场域"的人文精神和理念，丰富环境教育内涵。

5.3 主体维度的构建

公众的全员参与是国家公园环境教育的最终指向和目标，公众是国家公园环境教育动力机制的主体。国家公园环境教育并不是公园管理机构和环境教育工作者的专属领域，与公园内外相关的机构、组织、公众都蕴含着丰富的环境教育动力要素，对国家公园环境教育动力机制的构建和完善产生一定的影响，公众的全员参与是国家公园环境教育的应然指向和最终诉求。鉴于目前普达措国家公园环境教育施教者和受教者主体性地位凸显不够的局面，其动力机制的主体构建路径重点需要放在施教者和受教者的主体性构建上。主体性建构即是在活动中体现人的能动性、创造性和自主性，主体性不断实现的过程也就是活动深入和推动社会发展的过程（宋庆等，2004）[1]。传统的教育观将施教者视为主体，受教者视为客体，这种主客体观易陷入"主客对立

---

① 宋庆、杨汇智：《主体性的建构——社会主义本质论的主体向度考察》，载《前沿》，2004年第10期，第11页。

关系"陷阱，环境教育的施教者和受教者都是具有主动性和积极性的"人"，并不是认识和改造的关系，因此，两者都需要构建主体性。

5.3.1 施教者的主体性构建

施教者的主体性构建能形成全员参与的渗透式环境教育，鉴于目前普达措国家公园内环境教育施教者的构成较为单一，且能动性、创造性和自主性都较为薄弱，对普达措国家公园动力机制施教者的主体性构建可以通过如下路径。

首先，施教机构的多主体构建。政府以及代表政府的管理机构不再是国家公园环境教育的唯一提供者，吸引包括非政府组织、营利机构（如研学旅行机构、自然教育机构）等多种形式的环境教育施教机构。每个机构之间既存在竞争关系，又存在平等的协作和合作关系。政府的强制性支配作用和产品供给作用在这一构建过程中会不断减弱，直至发展为最终的协调作用，以管理、政策激励和质量调控的方式来发挥其主动性。其余机构之间通过形成协同和制约的平衡关系来创造新的系统功能，凝聚和催生更大的主体能动力量。

其次，志愿者体系的构建。志愿者体系是环境教育的主要力量，庞大的志愿者体系也是国家公园的支撑力量。第一，对于青年志愿者，可以通过学分累计或志愿时长积累来鼓励青年志愿者的加入，如笔者在美国访学期间，就通过访谈了解到高中学生在申请大学时需要志愿者工作小时数来增加申请成功率，"现在申请大学都要有志愿者经历，每个州不一样，我们州（华盛顿州）是 10 小时以上，所以我就来（参加环境教育志愿者项目）了"[①]。在现有对青年学生志愿时长无要求的教育现状下，也可以通过参与志愿服务减免门票或提供志愿期间基础生活设施的方式吸引青年志愿者。第二，随着国家公园试点的进行以及公园内外环境教育活动的开展，志愿服务向纵深发展，需要更多专业型的志愿者，如在公园或其他保护地区域进行过相关科学研究的高校教师或科研人员、管理型志愿者等都可以吸纳进普达措国家公园的志愿者服务体系之中。相较而言，专业型的志愿者更加重视工作带来的成就感，从马斯洛的需要层次理论来说，其参加志愿活动主要是追求尊重和自我实现

---

① 根据对美国华盛顿州一高中生的访谈资料整理，访谈时间：2016年10月，访谈地点：美国华盛顿州。

的需求。因此，对这类型的志愿者要侧重创设满足其受尊重和社会价值实现的渠道，如荣誉志愿者证书的颁发、荣誉园民的认定方式等，激励其为参加环境教育项目的访客提供有深度、有现场感的环境教育服务。第三，为志愿者提供必要的培训和生活设施有助于志愿工作的顺利进行，也能进一步保重志愿服务的质量。避免将志愿工作等同于免费劳动力的错误思维，相比付费劳动，志愿工作更多依赖于个人的素养和工作态度以及工作热情。志愿者内心动力的激发更能体现志愿工作的本质意义。

5.3.2 受教育者的主体性构建

目前，普达措国家公园环境教育的受教育者相对单一，以大众生态旅游者为主；受教育的方式也是呈现静态、单一的状况。尊重受教育者的主体性，给予其自由自主的参与环境教育的时间和空间，让其为"人"的自主本性得以自我呈现，从而构建多元化的受教育者群体和发挥其主体性。

首先，扩大受教育者的范畴。普达措国家公园环境教育的受教育者不能仅限于大众生态旅游者，还应将严格生态旅游者、组织型生态旅游者、社区居民、暂时未能访问公园的人们纳入其内（见图5-4）。从受教育者的实际出发，体现其差异化和人性化的关怀，尊重不同受教育群体的权利和利益以及个性发展，针对其不同需求创设不同的环境教育场域，设计相应的环境教育产品。

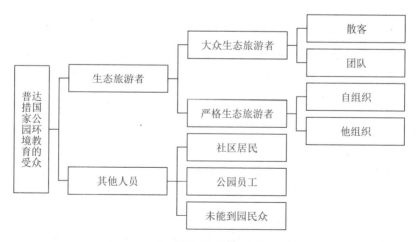

图 5-4　普达措国家公园环境教育受众

其次，构建全时空的环境教育氛围。充分利用一年的 365 天，每天的 24 小时以及公园的整体范围营造环境教育氛围。

一是在现有基础上，结合旅游的"食、住、行、游、购、娱"六大要素，进行环境教育项目的策划，注重将环境教育设计在旅游的全过程中，主要包括旅游前、旅游中和旅游后三个阶段。结合普达措国家公园一期范围内的实际情况，可以策划的环境教育活动如图 5-5 所示。

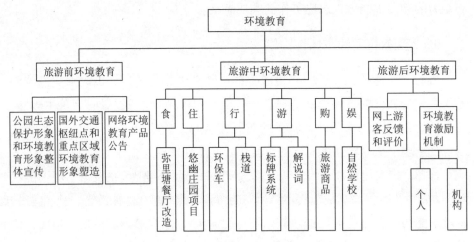

图 5-5　普达措国家公园全程环境教育方案

二是转变相对劣势。普达措国家公园相对寒冷的气候和高海拔的地势是发展全域旅游的相对劣势，但是对于环境教育而言，却是相对优势，能增强受教育者的体验感和参与度，可以针对高原独有的气候和地理特征设计相应的环境教育项目。此外，充分利用夜间也是环境教育项目的有效性衍生。如美国著名的死亡谷国家公园是北美洲最炽热、最干燥的地区，夏天气温经常高达 37.7℃以上，在公园里探险而被活活热死和饿死的情况时有发生。2012年 9 月 13 日，世界气象组织发布消息称，死亡谷国家公园以近地面气温56.7℃的记录正式列为全世界最热的地方，但仍旧吸引了人们前来参观游览和参与环境教育项目，尤其是冬春两季由公园巡护员带领的夜间观星环境教育项目，公园也被列为国家公园体系中第三个也是最大的一个的国际黑暗夜空公园（The Third International Dark Sky Park）。正如国家公园管理局前局长

Jonathan B. Jarvis 所言:"随着世界变得更加城市化,星空的价值只会增加,我们为游客提供这些难以置信的体验的能力,是国家公园管理局为今世后代保护我们国家最珍爱的地方的使命的组成部分[①]。"

最后,促使受教育者向施教者的转化。受教育者的接受特性并非是保持不变的,在环境教育过程中,随着相关知识、意识、技能和动机的增强,受教者将产生自我教育的愿望和能力,积累到一定程度时,将向施教者转化。特别是普达措公园内生活的社区居民和工作的公园员工,通过参与适当的环境教育活动,会增强其地方感,促使这一过程的加速。

5.4 利益维度的构建

利益是国家公园环境教育动力产生的原动力,司马迁说过:"天下熙熙,皆为利来,天下攘攘,皆为利往。"从古至今,利益都对人们的思想和行为具有驱动性,因此,考虑从利益维度构建国家公园环境教育的动力机制,催生普达措国家公园环境教育的引导力和协同力。

对于引导力系统中普达措国家公园管理局而言,环境教育的利益驱动表现在:一方面,环境教育是国家公园的职能和功能所在,开展环境教育是发挥国家公园五大功能之一的重要工作,环境教育功能的缺失势必影响国家公园试点的顺利进行;另一方面,开展环境教育是在生态保护压力日益增大的状况下的突围之举。2016 年 3 月,普达措国家公园上报的试点方案被认为旅游开发过度,直到 10 月 26 日才通过国家发改委专家评审。2017 年 8 月,普达措国家公园在生态保护的压力下分两次关闭了碧塔海和弥里塘区域,接受环保督查。在国家公园试点阶段,需要转化思维,由大众生态旅游之路转向生态体验和环境教育之路,方能在生态文明建设中探索出保护和可持续利用并进的路径。

对于协同力系统中的非政府组织和营利机构而言,各有其利益驱动点,非政府组织作为现代社会分化结构的产物,具有组织性、民间性、非营利性、自治性和志愿性等特征,其最基本的利益驱动点在于维持组织的正常运转并实现组织目标。可以根据公园发展规划,对符合国家公园发展理念的非政府

---

① 根据美国国家公园管理局官方网站整理:https://www.nps.gov/deva/learn/nature/lightscape.htm。

组织开放部分区域或允许其在许可范围内开展环境教育活动。对于营利机构而言，目前在国内开展环境教育活动可以采取环境教育项目商业特许经营的方式，允许其获得合法合理的利益。值得一提的是，从 2007 年以来，社会企业的概念被引入中国，这类型组织或机构的存在是用盈利的方式解决社会问题，并以解决社会问题为使命。在环境保护和环境教育领域，社会企业广泛存在，如 2012 年昆明成立的云南在地自然教育中心是致力于自然教育实践的社会企业，其创始人之一 WY 在 YN 大学读书期间就是大学银杏社的活跃会员，后来去了美国威斯康星大学学习环境教育，回国后与其他三位女孩一起创立了在地自然，在昆明周边和云南开展以自然教育为主的环境教育活动[①]，对这类型机构，其灵活的运作方式和经营理念，在运营环境教育项目方面有很多经验，要满足其经济利益和社会利益。

鉴于以上对引导力和协同力系统中不同机构和组织的利益剖析，不难发现其利益关系的多元化和复杂化，多元化和复杂化就使得利益矛盾或冲突难以避免，因此从利益维度构建普达措国家公园的环境教育动力机制，就必须有效整合各机构和组织之间的利益关系，保障其动力维持动态平衡，需要从利益导向、利益激励、利益约束和利益协调四个维度构建利益驱动机制。

5.4.1 利益导向机制

利益导向机制主要是政治主体和社会主体从利益目标、价值和道德层面引导普达措国家公园环境教育的各协同合作机构，强化个体利益目标与社会利益目标一致性的认识。就目标导向而言，各机构和组织的最终整体目标是国家公园的可持续发展，因而在追求机构或组织的个体目标时要和社会整体利益目标相一致，不能阻碍社会整体利益目标的实现。价值导向主要是引导各机构和组织的价值取向，要符合新生态范式和生态社会可持续发展的价值取向，实现机构或组织的价值取向。道德导向是引导机构或组织在法律和道德范围之内从事活动，就普达措国家公园而言，还需要尊重当地居民的生态伦理观和传统民俗，如从事环境教育活动不能进入藏民族的神山圣湖之内。

---

① 根据 2016 年 5 月对 WY 的访谈录音整理，访谈地点：云南昆明。

5.4.2 利益激励机制

利益激励机制是通过适当激励使机构和组织的活力得到激发，最大限度地调动机构和组织在普达措国家公园开展环境教育项目和活动的积极性和主动性。利益激励机制既包括物质层面的激励机制，又包括精神层面的激励机制。对于普达措国家公园的管理机构，赋予其对公园开展环境教育的审批和监督权限，增设环境教育主管业务部门，配备专业的专职人员；对公园经营方，将环境教育的实施纳入考核要点，转变以游客数量和门票收入数据为主的考核方式；逐步放开非政府组织和社会企业在园内开展环境教育活动的限制，对社会和生态效益较好的组织和企业可以采取特许经营方式，赋予其环境教育的特许经营权。

5.4.3 利益约束机制

卢梭说过，"人是生而自由的，却无往不在枷锁之中"[①]，没有约束的自由是不存在的，没有约束的利益也将发展为"群体无利益"，最终落得个人利益和社会公共利益共损的局面，因此，有必要对普达措国家公园内环境教育的动力机制运用利益约束方式进行规范，保证公园内环境教育项目不偏离公园的总目标，不损害内部和周边社区居民的利益，考虑采用法律、制度、管理体系和村规民约对机构和组织进行约束和规范，使之在合法、合情、合理的范围内开展活动。

5.4.4 利益协调机制

利益冲突在所难免，协调国家公园环境教育动力机制中的利益冲突可以从几个方面着手：一是确立政府代表的管理局的主体地位，其对国家公园环境教育各协同组织和机构起着引领和协调的作用，当然管理局也需要加强自身改革，提高决策和协调的水平与效率。二是建立法律和政策协调制度，通过环境教育专项规划和相关法规、管理制度的制定协调各组织和机构之间的利益冲突，对相关利益主体的各种行为实现规范与约束，最大限度地实现公

---

① ［法］卢梭:《社会契约论》，商务印书馆 2003 年版。

共利益最大化。国家公园环境教育是一个系统工程，涉及政府、管理者、经营者、游客、非政府组织多个参与主体，应充分发挥多个参与主体的作用，在参与主体间建立协作的动力机制，真正发挥其在动力机制的作用。

5.5 制度维度的构建

国家公园环境教育动力机制的构建除了主体构建、利益驱动和价值引领外，还需要相应制度进行保障，制度保障赋予国家公园环境教育生命和活力，并调整和规范公众、政府、组织和机构之间的关系和相关行为，是完善环境教育动力机制和促进环境教育动力机制科学化、可持续化的重要环节。可以从国家和公园两个层面对环境教育制度加以完善。

5.5.1 国家层面的制度构建

首先，要从法律赋予环境教育相应的地位。目前，我国并没有《环境教育法》，主要通过政府文件推动，开展环境教育缺乏法律保障，存在"观念重于实践、政府行为重于民众行为、政策性重于自觉性、宣传性重于教育性、知识传授重于素质培养、课堂教学重于社会参与"等问题，导致环境教育"虚化"和"弱化"[1]，迫切需要从国家层面制定环境教育法，对环境教育的开展进行规定和指导[2]。美国早在 1970 年就颁布了《环境教育法》，并在随后制定和通过了一系列法案作为支撑，巴西、日本、韩国、菲律宾等十几个国家也相继制定，我国台湾地区在 2010 年 5 月通过了《环境教育法》草案，是亚洲第 3 个、全球第 6 个通过《环境教育法》的地区[3]，极大地推动了环境教育事业的发展。

我国于 1989 年颁行的《环境保护法》中对环境教育做了相应的规定，但囿于科学知识和技术层面（崔维敏，2016）[4]。2015 年 1 月实施的新《环保法》对开展环境教育有进一步的规定，但仍未形成科学完备的体系。地方层面，

---

① 参见朱宁宁：《我国环境教育"虚弱"急需国家立法"强身"》，载《法制日报》，2016 年 4 月 19 日。

② 崔维敏：《环境教育立法正当时》，载《环境教育》，2016 年第 3 期，第 8 页。

③ 王彬辉：《台湾〈环境教育法〉解读》，载《环境教育》，2011 年第 10 期，第 50 页。

④ 同②。

尽管宁夏、天津、洛阳等少数几个省区（市）制定了环境教育条例，但离规范化和法制化的目标相去甚远。环境教育在法律上没有明确的地位，并且缺乏确定的目的、制度、经费保障，这在很大程度上影响着环境教育的开展和目标的实现。通过法律制度的制定，一是进一步建立健全部门协调联动机制，二是需要以法律保障环境教育纳入现行学校教育体系，三是需要以法律保障各类社会化环境教育工作依法开展。

其次，设置相应的国家公园环境教育管理机构。我国环境教育主要归属于以前环保部下设的宣传教育中心，各省环境保护厅也多设置有宣教部门，但是各部委对环境教育的多头管理也会在一定程度上形成"无管理"局面；此外，原国家旅游局也发文大力提倡开展以研究和学习为指向的研学旅行，但终归落脚于旅行的主旨。我国的国家公园处于试点阶段，各试点单位对环境教育的负责部门归属不一，如三江源国家公园将环境教育的管理部门放在管理局下设的人力资源与宣传教育处，不管怎样，环境教育并没有因其专业的实施特性而被单独成立部门并进行运作，对比美国国家公园专业的解说和游客服务部门，不仅部门单列，而且将解说置于游客服务之前。2018 年国务院机构改革组建了自然资源部，下设国家公园管理局，国家层面公园管理局的设立，将为国家公园环境教育专业部门的设置奠定良好基础。

5.5.2 公园层面的制度构建

首先，专业管理机构的设置。环境教育功能作为国家公园五大功能中的功能，应该同生态保护、游憩、社区发展等其他功能一样，由专业的工作人员开展，建议在普达措国家公园管理局下设环境教育业务管理部门，根据管理局的现有条件，有针对性地开展公益性环境教育项目和活动，并对其他非营利组织和营利机构在公园内的环境教育活动开展进行项目审批和质量控制。

其次，开展专项规划的编制。开展国家公园环境教育专项规划的编制，在编制前对公园范围内和周边大生态系统范围内的环境教育本底资源进行科学监测和评估，在此基础上，委托专业团队进行环境教育专项规划的编制，并依托环境教育专项规划，统领公园的游客管理和生态系统管理工作。

再次，人员和资金激励政策的制订。制订志愿者公园服务激励政策，鼓励热爱公园的科研爱好者和社会工作者参与志愿服务，尤其是有关环境教育与环境解说的志愿服务。一是鼓励科研人员和高等院校研究团队进入公园进行科学研究，为其合法研究提供尽快审批和基础的食宿设施，并要求科研成果公园能参与共享，根据科研成果，公园可以不断更新环境教育和生态保护的数据。二是鼓励社会资金以多种形式参与国家公园的各项功能实施中，特别是鼓励社会资本和资金在遵循生态保护的前提下，参与环境教育活动的设计和项目实施。

最后，对外来机构的管理制度和激励。所有进入普达措国家公园的外来机构，都需要服从于公园生态保护第一的理念，遵循人与自然和谐共生的公园发展目标，接受普达措国家公园管理局的管理。对进入公园内开展生态保护和环境教育项目的机构采取团队活动门票减免等激励措施，吸引多种形式的机构参与到普达措国家公园的环境教育活动之中。

第6章 研究结论与展望

本章基于前面五章的研究，总结了本研究的基本结论，阐明了本研究的创新点，并对后续研究提出需要进一步细化和深入探讨的方向。

6.1 研究结论

囿于社会发展阶段和国家公园相关理论和研究的局限，环境教育相关理论和实践的探索研究此前并没有在国家公园的系列研究中占到重要位置。在生态文明建设和国家公园体制试点的过程中，应该以系统思想和相关理论对其进行相关研究。从系统论和动力机制理论出发对国家公园环境教育进行研究，是一种从系统的整体性出发，从要素至系统、至功能再到路径的体系化研究。

本研究是在系统整体观思想基础上对国家公园环境教育动力机制进行模型构建、对比研究和本土化构建的研究。通过实证研究，构建了美国黄石国家公园环境教育动力机制结构模型（ESFP-S）和机制模型（ESFP-M），对其动力机制涉及的要素（E-Elements）、子系统（S-Subsystems）、功能（F-Functions）和路径（P-Paths）进行案例分析，并以中国普达措国家公园为案例地进行对比分析和研究。结论分为理论和实证研究两部分。

6.1.1 理论研究结论

6.1.1.1 国家公园和环境教育理念的对应统一

尽管国家公园理念和环境教育理念产生的时代背景不尽相同，但两者在发端之初就隐隐有了生态的保护和可持续发展的共同渊源。在不同的历史进程中,两大理念都汇入了其他思想精髓,并逐渐走向了"九九归一"的共同目标。国家公园进入中国,承载了生态保护、科学研究、环境教育、游憩和社区发展的多重目标,环境教育既是其中的一个核心目标,也是实现国家公园多重目标和功能耦合的重要方式,且环境教育最终的指向也是生态系统的保护和可持续发展,可以说国家公园理念和环境教育理念是异曲同工。此外,国家公园的公益属性为开展环境教育提供了前提,体现了国家公园这一保护地类型的鲜明特色,也为环境教育提供了极佳场域和资源基础条件,两者之间始终是对应统一的关系。

本研究基于历史发展的视角,厘清了国家公园和环境教育之间的对应关系,并提出基于普达措国家公园的现实语境需要突破的理论瓶颈,并据此提出自然环境教育和当地藏族生态智慧相结合的双核环境教育理念,这一理念是对这两大理论对应统一关系在中国发展的突破。

6.1.1.2 构建了国家公园环境教育动力机制结构模型(ESFP-S)

国家公园作为一个整体性的大型系统,可以划分为若干子系统。环境教育这一系统功能的实现,不仅依赖于系统要素和子系统的多元化构成,更需要功能的实现和多种路径的突破,这一 ESFP-S(要素—子系统—功能—路径)结构模型体现了动力机制的整体存在,缺一不可(参见图 3-8)。经过百余年的发展磨合,环境教育已经进入"汽车"时代,在不同的道路上都能发挥动力机制、飞速前进,那么年轻的普达措国家公园在现阶段走在唯一道路上却受限于种种摩擦力,动力系统也并不能完全发挥作用。这对于公园环境教育动力机制未来的构建既是挑战,更是机会。

国家公园环境教育动力机制的构成需要人员流、资金流、媒介和组织,动力机制的有效运行需要内部动力、外部动力和驱动力子系统的共同合力,在此基础上,实现其规划、实施、控制和反馈的闭合功能。此外,动力机制的实现路径三元分立,即公益性、市场性以及混合性的三元路径,为国家公园环境教育的动力机制注入了活力。

6.1.1.3 构建了国家公园环境教育动力机制模型(ESFP-M)

在图 3-8 结构模型构建基础上,运用这一理论分析框架对黄石国家公园进行案例研究,对黄石环境教育涉及的要素(E-Elements)、子系统（S-Subsystems）、功能（F-Functions）和路径（P-Paths）四要素进行分析，厘清相互之间的关系及作用机制，构建了国家公园环境教育动力机制模型（ESFP-M），为黄石与普达措的对比研究提供了理论框架（参见图 3-9）。

这一机制模型的突破在于通过案例研究将国家公园环境教育动力机制子系统（S）解构为推动力系统（P_{p1}）、拉动力系统（P_{p2}）、协同力系统（P_C）、引导力系统（P_G）和驱动力系统（P_D）五部分，其中推动力系统（P_{p1}）和拉动力系统（P_{p2}）是国家公园环境教育的外部动力系统，引导力系统（P_G）和协同力系统（P_C）是其内部动力系统，驱动力系统（P_D）属于助动力系统，支撑和驱使国家公园的环境教育的蓬勃发展，五种作用力的合力决定了国家公园环境教育的动力系统，合力的大小决定了动力的大小。

6.1.2 实证研究结论

6.1.2.1 运用动力机制双模型对比发现普达措的短板

通过运用 ESFP-S 和 ESFP-M 动力机制双模型对黄石和普达措进行对比研究，发现普达措国家公园环境教育的动力机制无论是要素构成还是要素之间的互动关系尚未真正构建起来，同黄石相比，总结出普达措的动力机制结构和机制双模型，分别参见图 4-1 和图 4-19。

通过构建的动力机制双模型，找出普达措环境教育的短板，是研究的重要实践成果。黄石经过百余年的发展磨合，环境教育已经进入"汽车"时代，动力系统要素齐备，建立了以推动力、协同力、引导力、拉动力和驱动力为作用力的动力子系统，这五种力的合力决定了黄石国家公园环境教育的动力，合力的大小决定了动力的大小，使得黄石国家公园环境教育沿着公益性、市场性和混合性三条路径前进，成了生态保护和可持续发展利用的国际范例，在不同的道路上都能发挥动力机制、飞速前进。

相较而言，普达措国家公园环境教育的动力机制中人员流和资金流呈现单一、媒介流呈现静态化的特征；其动力子系统中摩擦力系统的存在对公园环境教育的动力形成了一定程度的阻滞力，尚未形成闭合的动力功能。动力系统要素的单一和阻力的存在对公园环境教育的开展起着制约作用，容易形成"木桶"的短板效应。年轻的普达措国家公园在现阶段走在唯一道路上却受限于种种摩擦阻力，动力系统也并不能完全发挥作用。普达措国家公园环境教育体系的良好运转受限于协同力子动力系统的不完善和不完备，因此需要结合公园的实际状况以及中国国家公园体制试点的现实需求，弥补短板，这对于公园环境教育动力机制未来的构建既是挑战，更是机会。

6.1.2.2 修正普达措模型并构建其环境教育动力机制体系

通过前述理论研究和案例对比研究，主要从要素健全、动力系统提升、功能完善和路径开拓四个方面对普达措国家公园环境教育动力机制的模型进行修正（参见图 5-1）。

根据普达措国家公园环境教育动力机制中存在的要素、动力子系统、功能和路径的缺失问题，研究提出了从理念、主体、利益和制度维度的多维构建策略来实现普达措国家公园动力机制的良好协调运作，从而实现公园的环境教育功能（参见图 5-2）。

6.2 主要创新点

本研究的创新之处主要体现在以下三个方面。

6.2.1 构建国家公园环境教育动力机制的理论模型

本研究基于理论研究，构建了国家公园环境教育 ESFP 动力机制理论模型，这一理论模型的基本要素包括系统要素（E-Elements）、动力子系统（S-Subsystems）、动力功能（F-Functions）和路径（P-Paths），并在对黄石国家公园实证研究基础上，厘清各要素之间的内涵，并梳理其关系和运作机制，构建国家公园环境教育动力机制结构模型（ESFP-S）和机制模型（ESFP-M）两个理论框架。

6.2.2 构建普达措环境教育动力机制体系

在对动力机制模型理论研究和实证修正的基础上，针对动力机制的机制关系构建提出相关构想，从理念维度、主体维度、利益维度和制度维度对普达措国家公园的动力机制进行构建。国家公园的环境教育动力机制的构建需要通过制度化的运作，为在国家公园开展环境教育提供适度动力，推动环境教育发展，实现国家公园建立的目标，推动生态文明的建设。理念指导动力机制；国家公园环境教育动力机制运作的最终指向是作为主体的社会公众的需求满足；国家公园环境教育中施教者的需求、受教者的需求都表现为一定的利益所在，利益因素是环境教育动力机制中推动力子系统、拉动力子系统和协同力子系统有机联系的中介，其相互关系的发生建立在利益相关的基础之上，因此需要从利益导向、利益激励、利益约束和利益协调等方面构建和提升环境教育动力机制；制度是动力机制良性运转的保障，对动力机制的运行起着保障的作用。

6.2.3 发现普达措环境教育动力子系统内含的摩擦力系统

通过运用结构模型和机制模型进行案例研究发现，普达措国家公园的动力系统公式为：

$$P_{EE} = f\,(P_{p1},\ P_C,\ P_G,\ P_{p2},\ P_D)\,-f\,(P_f)$$

其中，P_{p1} 是普达措国家公园环境教育的推动力，P_C 是普达措国家公园环境教育的协同力，P_G 是普达措国家公园环境教育的引导力，P_{p2} 是普达措国家公园环境教育的拉动力，P_D 是普达措国家公园环境教育的驱动力，P_f 是普达措国家公园环境教育的摩擦力系统，当 $f\,(P_{p1},\ P_C,\ P_G,\ P_{p2},\ P_D)$ 大于 $f\,(P_f)$ 时，即动力大于摩擦力时，普达措国家公园环境教育动力即为正反馈，反之则为负反馈。

6.3 研究展望

国家公园和环境教育在国际已经有了百余年的发展历程，但在中国还是新生事物，囿于社会发展阶段和国家公园相关理论和研究的局限，环境教育相关研究在此前并没有在国家公园的系列理论研究中占到重要位置，加之中国的国情和民情以及国家公园园情的不同，决定了不能照搬国际经验。本研究经过四年多的资料收集、田野调查和相关工作，提出了相关观点，但也仅仅走出了构建充满活力的普达措国家公园环境教育动力机制的初始之路，后续还需要对以下问题进行进一步深入探讨。

6.3.1 国家公园环境教育动力机制量化研究

动力机制作为国家公园环境教育实现的机制，是国家公园环境教育体系的活力所在。现有的研究多着眼于将环境教育作为教育的方式和手段，从教育学的角度测量和评估教学效果。而在国家公园这一主要保护地体系中，环境教育不仅具有教育功能，还兼具游客管理和生态系统保护的终极目标，因此，激发其功能实现的动力机制需要整体、联系地去把握和实施。通过辨析国家公园环境教育动力机制中的相关变量，并对相关变量进行定量分析，以建立动力机制的评估和诊断系统，并寻求各子系统之间的运行与联动性，从而对国家公园环境教育动力机制的特点、程度以及目标和功能的实现进行积极有效引导，减弱动力系统中的摩擦力系统，这是后续研究的可能突破点。

6.3.2 国家公园环境教育动力机制发展的周期演进研究

以国家公园的本质和多重目标以及环境教育的整体分析为基础，运用系统构建和结构的方式从整体上把握国家公园环境教育体系的情况，并基于国家公园理念和环境教育理念发展的不同阶段和不同社会环境，辨析其中的差异原因，提出借鉴国际经验的国际公园环境教育动力机制本土化构建路径，是发展国家公园和环境教育的初始阶段。基于不同发展阶段进行周期性的研究，寻找不同周期的特点和差异原因，研究能否缩小差距，形成系统最大的合力，以及螺旋式的演进上升，是进一步深入后续研究的可能所在。

6.3.3 国家公园环境教育科学＋人文二维内容体系的研究

在研究过程中，发现黄石和普达措环境教育现状的差异也受到内容体系的影响。长期以来，西方都受到"人地分立"的思想的影响，加之美国国家公园的荒野模式，国家公园内少有社区居民的存在，其国家公园环境教育实践的设计和开展仍然以科学性思维为指导，其环境教育的内容体系以科学性的自然知识为主，倡导从受众、资源和媒介的角度，设计环境教育的内容体系。我国自古深受儒家和道家的影响，"天人合一"的思想推动着各种形式保护地的形成，良好自然环境的所在也常常是文灵荟萃之地，后续研究可以在国家公园环境教育内容体系"科学性"一维的基础上增加"人文性"维度，通过人文性维度，挖掘国家公园这一"场域"的人文精神和理念，丰富环境教育内涵，构建我国国家公园环境教育二维内容体系。

附　录

附录1　普达措国家公园环境教育调查问卷

尊敬的女士/先生：

您好！这是一份关于环境教育的调查问卷。本调查仅用于学术研究，您的意见对我们的研究将有非常重要的帮助，我们真诚地希望您将您的意见和建议留给我们。

非常感谢您的帮助。

云南大学工商管理与旅游管理学院　刘静佳

2018年1月

1.您最近一次游览普达措国家公园是多少人一起出游（包括您自己在内）？［多选题］*

□成年人人数（18周岁及以上）_____　若无，请填数字0

□未成年人人数（18周岁以下）_____　若无，请填数字0

2.您此次出游是与谁一起？［单选题］*

○家人

○朋友

○同学

○其他_____

3. 您此次出游的方式主要是：[单选题] *

○参加大众旅行团

○参加主题性团队活动（如观鸟团、赏花团）等

○公共交通自助旅行

○自驾车自助旅行

4. 在这次旅行中，您在普达措国家公园内总共度过多长时间？[单选题] *

○小时数（如果是一日游）＿＿＿＿＿＿＿＿＿请选一项并填写数字

○天数（如果超过1天）＿＿＿＿＿＿＿＿＿请选一项并填写数字

5. 在这次旅行中，您是否曾在普达措国家公园内部或附近过夜？[单选题] *

○是（请跳至第6题）

○否（请跳至第7题）

6. 如果第5题回答是，请选出在这次旅行中，您在普达措国家公园内或附近的何地点住宿，并在横线上填上住宿夜晚数。[单选题]

○普达措国家公园中露营＿＿＿＿＿＿＿＿＿

○普达措国家公园外露营＿＿＿＿＿＿＿＿＿

○普达措国家公园内住宿＿＿＿＿＿＿＿＿＿

○普达措国家公园外住宿＿＿＿＿＿＿＿＿＿

○其他住处（如朋友/亲属家中）＿＿＿＿＿＿＿＿＿

7. 您是如何知道普达措国家公园的？[多选题] *

□朋友介绍

□广告牌

□高速公路道路指引

□旅行社

□宣传片

□宣传画册/报纸杂志

□网络

8. 请指出以下各项对您此次游览普达措国家公园的重要性。[矩阵量表题] *

	根本不重要	有点重要	一般重要	非常重要	极其重要
体验野外环境	○	○	○	○	○
观赏自然风景	○	○	○	○	○
感受藏族文化	○	○	○	○	○
放松	○	○	○	○	○
走生态步道	○	○	○	○	○
观看野生动物	○	○	○	○	○
聆听大自然的声音	○	○	○	○	○
体验孤独	○	○	○	○	○

9. 请选出您对以下各项因素的满意度。[矩阵量表题] *

	非常不满意	不太满意	一般	比较满意	非常满意
体验野外环境	○	○	○	○	○
观赏自然风景	○	○	○	○	○
感受藏族文化	○	○	○	○	○
放松	○	○	○	○	○
走生态步道	○	○	○	○	○
观看野生动物	○	○	○	○	○
聆听大自然的声音	○	○	○	○	○
体验孤独	○	○	○	○	○

10. 请指出普达措国家公园的以下各项资源对您而言的重要性。[矩阵量表题] *

	根本不重要	有点重要	一般重要	非常重要	极其重要
动物	○	○	○	○	○
湖泊（碧塔海、属都湖等）	○	○	○	○	○
鸟类（黑颈鹤等）	○	○	○	○	○
植物	○	○	○	○	○
多样性的自然生态系统	○	○	○	○	○
徒步旅行	○	○	○	○	○

	根本不重要	有点重要	一般重要	非常重要	极其重要
野外旅行	○	○	○	○	○
摄影	○	○	○	○	○

11. 如果您将来游览普达措国家公园，您还想要深入了解哪些特定主题？
［填空题］

12. 请您就如下问题进行选择［矩阵多选题］*

	解说员	标识系统（标识牌、解说牌等）	便携式语音解说	电子触摸屏	展示陈列	游客中心	游览图	宣传片	出版物	智能手机应用（App软件等）
您在普达措国家公园使用过的解说媒体	□	□	□	□	□	□	□	□	□	□
您喜欢的解说媒体	□	□	□	□	□	□	□	□	□	□
您觉得哪种解说媒体对生态保护促进作用最大	□	□	□	□	□	□	□	□	□	□
让您觉得愉悦的解说媒体	□	□	□	□	□	□	□	□	□	□

13. 您如何评价普达措国家公园的解说设施、服务和项目？［矩阵量表题］*

	非常不满意	不太满意	一般	比较满意	非常满意
标识牌	○	○	○	○	○
游客中心	○	○	○	○	○
解说员讲解	○	○	○	○	○
展示陈列	○	○	○	○	○
宣传彩页	○	○	○	○	○
3D 宣传视频	○	○	○	○	○
普达措国家公园解说系统的整体评价	○	○	○	○	○

14. 您认为解说服务应该注意哪些方面？［多选题］*

□趣味性

□科普性

□人性化

□互动性

15. 您最喜欢关于哪方面的解说内容？［单选题］*

○自然生态方面

○人文方面

○自然和人文融合方面

16. 您愿意参加的解说活动是：［多选题］*

□人员解说

□观看相关影片

□专家演讲

□民俗活动

□主题活动（如观鸟博览会、湿地艺术节等）

17. 在游憩活动中，如果需要付费，您愿意为以下哪些解说服务付费？［多选题］*

□人员解说

□专家演讲

□参与性活动

□便携式语音解说

□出版物

□智能手机应用（App 软件等）

18. 您对普达措国家公园的解说设施、服务或项目，是否还有其他建议？请填写在横线上［填空题］

---

19. 您对以下说法，是否赞同？请根据同意或不同意的程度，在每行中标注一项。［矩阵量表题］*

	非常同意	较同意	同意	较不同意	非常不同意
1）目前的人口总量正在接近地球能够承受的极限	○	○	○	○	○
2）人类有权改造自然以满足其需要	○	○	○	○	○
3）人类对于自然的破坏常常导致灾难性后果	○	○	○	○	○
4）人类的智慧将保证我们不会使地球变得不可居住	○	○	○	○	○
5）目前人类正在滥用和破坏环境	○	○	○	○	○
6）如果知道如何开发，地球资源将用之不竭	○	○	○	○	○
7）动植物与人类有着一样的生存权	○	○	○	○	○
8）自然界的自我平衡能力足够强，完全可以应付现代工业社会的冲击	○	○	○	○	○
9）尽管人类有着特殊能力，但是仍然受自然规律的支配	○	○	○	○	○
10）所谓人类正在面临"生态危机"，是一种过分夸大的说法	○	○	○	○	○
11）地球就像宇宙飞船，只有很有限的空间和资源	○	○	○	○	○
12）人类生来就是要驾驭自然的	○	○	○	○	○
13）自然界的平衡是很脆弱的，很容易被打乱	○	○	○	○	○
14）人类最终将会控制自然	○	○	○	○	○
15）如果一切按照目前的样子继续，我们很快将遭受严重的环境灾难	○	○	○	○	○

20. 您的性别：[单选题] *

○男　　　○女

21. 您的年龄段：[单选题] *

○ 18 岁以下　　　○ 18~25 岁　　　○ 26~30 岁　　　○ 31~40 岁

○ 41~50 岁　　　○ 51~60 岁　　　○ 60 岁以上

22. 您的家庭结构是：[单选题] *

○单身

○已婚，无小孩

○已婚，孩子未成年

○已婚，孩子成年

23. 您的文化程度：[单选题] *

○初中及以下

○高中 / 中专 / 职高

○大专

○本科

○研究生及以上

24. 您目前从事的职业：[单选题] *

○全日制学生

○生产人员

○销售人员

○市场 / 公关人员

○客服人员

○行政 / 后勤人员

○人力资源

○财务 / 审计人员

○文职 / 办事人员

○技术 / 研发人员

○管理人员

○教师

○顾问 / 咨询

○专业人士（如会计师、律师、建筑师、医护人员、记者等）

○其他

25. 您现在的常住地：[单选题] *

○安徽	○北京	○重庆	○福建	○甘肃	○广东	○广西
○贵州	○海南	○河北	○黑龙江	○河南	○香港	○湖北
○湖南	○江苏	○江西	○吉林	○辽宁	○澳门	○内蒙古
○宁夏	○青海	○山东	○上海	○山西	○陕西	○四川
○台湾	○天津	○新疆	○西藏	○云南	○浙江	○海外

26. 您的家庭月收入：[单选题] *

○ 3000 元以下　　　　　　○ 3000~5000 元

○ 5001~10000 元　　　　　○ 10001~20000 元

○ 20001~30000 元　　　　　○ 30000 元以上

○其他 _____

附录2 普达措国家公园工作人员访谈提纲

访谈对象	普达措国家公园管理局工作人员 / 迪庆州旅游集团有限公司普达措旅业分公司工作人员
访谈时间	
访谈地点	
访谈背景	2015年年初，我国开始国家公园体制试点，普达措国家公园被列入。到2017年年底，试点工作将进入收尾验收阶段
访谈目的	了解普达措旅业分公司现有生态教育解说项目和活动概况及未来发展设想
访谈开场语	您好，我是云南大学工商管理与旅游管理学院旅游管理专业的一名博士研究生，现在在做一个关于国家公园环境教育的一个研究项目，需要耽误您30分钟的时间完成这个访谈。本次访谈主要通过问答形式进行，访谈内容将进行严格保密！为保证访谈的真实性，请真实地回答每个问题。谢谢您的配合！
具体问题	1 您的工作岗位是什么？ 2 您的工作职责包括哪些？ 3 您从事现有岗位有多少年了？ 4 您觉得普达措国家公园需要开展环境教育项目和活动吗？为什么？ 5 您觉得普达措国家公园开展环境教育项目和活动可以开发利用的资源有哪些？ 6 普达措国家公园现在开展的环境教育活动和项目具体有哪些？ 7 您觉得普达措国家公园需要进一步开展环境教育项目和活动吗？为什么？ 8 您觉得制约普达措国家公园开展环境教育项目和活动的因素有哪些？ 9 您觉得普达措国家公园还需要获得哪些方面的支持以更好地开展环境教育项目和活动？ 10 普达措旅业分公司与普达措国家公园管理局之间在公园内开发旅游项目或环境教育项目的时候会有冲突吗？具体情形是什么？ 11 您觉得在普达措国家公园开展环境教育时应以管理局还是旅业分公司为主导？两者应该如何协作？
访谈总结	

注：以上针对普达措国家公园管理局与普达措旅业分公司的访谈大纲大同小异，旨在针对普达措国家公园的管理机构和经营机构这两个不同的利益相关者进行访谈，以获取其看待同一问题的不同视野，并探究其在多大程度上能形成良好协作关系。

附录3　普达措国家公园社区居民访谈提纲

访谈对象	普达措国家公园社区居民
访谈时间	
访谈地点	
访谈背景	2015年年初，我国开始国家公园体制试点，普达措国家公园被列入。到2017年年底，试点工作将进入收尾验收阶段
访谈目的	了解普达措国家公园社区居民国家公园建设前后对环境保护的认知程度及生态负责任行为的参与意愿和参与度
访谈开场语	您好，我是云南大学工商管理与旅游管理学院旅游管理专业的一名博士研究生，现在在做一个关于国家公园环境教育的一个研究项目，需要耽误您30分钟的时间完成这个访谈。本次访谈主要通过问答形式进行，访谈内容将进行严格保密！为保证访谈的真实性，请真实地回答每个问题。谢谢您的配合！
具体问题	1 个人基本状况信息，包括年龄、性别、家庭成员构成、家庭主要收入来源、从事职业等。 2 您在普达措国家公园建立之前，主要从事什么工作？ 3 您在普达措国家公园建立之后，主要从事什么工作？ 4 您对公园建立前后从事工作的变化状况有什么看法？ 5 您觉得普达措国家公园的建立给您的生活带来哪些变化？ 6 您觉得需要注重保护普达措国家公园的生态环境吗？为什么？ 7 您愿意参与到保护环境的相关活动中去吗？例如…… 8 您愿意做哪些具体事情来保护普达措国家公园的环境？
访谈总结	

附录4　美国国家公园工作人员访谈提纲
National Park Staff Interview Outline

Interviewee 访谈对象	National Park staff/national park researchers and educators 美国国家公园工作人员 / 国家公园研究人员和教育人员
Interview date 访谈时间	2016年　　月　　日
Interview location 访谈地点	
Interview background 访谈背景	A mature national park system has established in America, and the environmental education has become a new highlight in NPs. 美国建立了成熟的国家公园体系，其环境教育的开展成为公园的新亮点
Purpose of the interview 访谈目的	Learn the existing and future environmental education projects&activities in the national parks（especially in Yellowstone）.Refine their dynamic dynamics. 了解国家公园（尤其是黄石）现有环境教育项目和开展概况及未来发展设想，提炼其充满活力的动力机制要素
Interview beginning with ⋯ 访谈开场语	Hello, I am from China. I am a Ph.D. student in Tourism Management at the School of Business Administration and Tourism Management in Yunnan University. I am currently working on a research project on environmental education in the National Park. I need to delay your 30 minutes to complete this interview. This interview is mainly conducted in the form of questions and answers, and the interview content will be strictly confidential! To ensure the authenticity of the interview, please answer each question truthfully. Thank you for your cooperation! 您好，我来自中国，是云南大学工商管理与旅游管理学院旅游管理专业的一名博士研究生，现在在做一个关于国家公园环境教育的一个研究项目，需要耽误您30分钟的时间完成这个访谈。本次访谈主要通过问答形式进行，访谈内容将进行严格保密！为保证访谈的真实性，请真实地回答每个问题。谢谢您的配合！
Questions 具体问题	1 What is your job position? 您的工作岗位是什么？ 2 What are your job responsibilities? 您的工作职责包括哪些？ 3 How many years have you been in the existing position? 您从事现有岗位有多少年了？ 4What resources can be developed and utilized for environmental education projects and activities in Yellowstone National Park（or your national park）？黄石国家公园（或您所在的国家公园）开展环境教育项目和活动可以开发利用的资源有哪些？

Questions 具体问题	5What are the current environmental education activities and projects in Yellowstone National Park（or your national park）？黄石国家公园（或您所在的国家公园）现在开展的环境教育活动和项目具体有哪些？ 6Why do Yellowstone National Parks（or your institution）conduct environmental education programs and activities? 黄石国家公园（或您所在的机构）为什么要开展环境教育项目和活动？ 7Will Yellowstone National Park（or your national park）choose a partner institution when conducting environmental education programs and activities? 黄石国家公园（或您所在的国家公园）在开展环境教育项目和活动时会选择合作机构吗？ 8 How many major partner institutions will Yellowstone National Park（or your national park）choose when conducting environmental education programs and activities? How to select the partner institution? 黄石国家公园（或您所在的国家公园）在开展环境教育项目和活动时通常选择几家主要合作机构？如何遴选合作机构？ 9How does your park or institution control the quality of environmental education cooperation? 您所在的公园或机构是如何控制环境教育合作的质量的？ 10 What do you think are the factors that make your park or institution successful in environmental education programs and activities? 您觉得您所在的公园或机构成功开展环境教育项目和活动的因素包括哪些方面？ 11What do you think are the most representative environmental education programs and activities in your park or institution? 您觉得您所在的公园或机构比较有代表性的环境教育项目和活动有哪些？ 12 What aspects of support do you need to better conduct environmental education programs and activities in Yellowstone National Park（or your national park or institution）？您觉得黄石国家公园（或您所在的国家公园或机构）还需要获得哪些方面的支持以更好地开展环境教育项目和活动？ 13Does your park or institution face problems of lacking the financial and human resources when conducting environmental education programs and activities? How to solve the problems? 您所在的公园或机构在开展环境教育项目和活动时会面临资金和人力资源缺乏的问题吗？如何解决的？ 14Is there any conflicts between your park or institution and the local community when developing a tourism project or environmental education program in the park? Could you tell me more details? 您所在的公园或机构与当地社区之间在公园内开发旅游项目或环境教育项目的时候会有冲突吗？具体情形是…… 15 Which do you think should dominate the environmental education in the National Park，the Park Authority or the partner institution? How should the two work together? 您觉得在国家公园开展环境教育时应以公园管理局还是合作机构为主导？两者应该如何协作？
Interview summary 访谈总结	

附录5 美国黄石国家公园游客访谈提纲
Yellowstone National Park Tourist Interview Outline

Interviewee 访谈对象	Visitors in Yellowstone National Park 黄石国家公园游客
Interview date 访谈时间	2016 年 月 日
Interview location 访谈地点	Yellowstone National Park（Old Faithful Springs/Visitor Center） 黄石国家公园（老忠实泉/游客中心）
Interview background 访谈背景	A mature national park system has established in America，and the environmental education has become a new highlight in NPs. 美国建立了成熟的国家公园体系，其环境教育的开展成为公园的新亮点
Purpose of the interview 访谈目的	Learn about the participation and satisfaction of environmental education programs and activities carried out by visitors in Yellowstone National Park. 了解黄石国家公园游客对公园开展的环境教育项目和活动的参与情况及满意度
Interview beginning with … 访谈开场语	Hello，I am from China. I am a Ph.D. student in Tourism Management at the School of Business Administration and Tourism Management in Yunnan University. I am currently working on a research project on environmental education in the National Park. I need to delay your 30 minutes to complete this interview. This interview is mainly conducted in the form of questions and answers，and the interview content will be strictly confidential! To ensure the authenticity of the interview，please answer each question truthfully. Thank you for your cooperation! 您好，我来自中国，是云南大学工商管理与旅游管理学院旅游管理专业的一名博士研究生，现在在做一个关于国家公园环境教育的一个研究项目，需要耽误您30分钟的时间完成这个访谈。本次访谈主要通过问答形式进行，访谈内容将进行严格保密！为保证访谈的真实性，请真实地回答每个问题。谢谢您的配合！
Questions 具体问题	1Personal basic information：including nationality，age，gender，occupation，travel information，etc. 个人基本状况信息，包括国籍、年龄、性别、从事职业、出游信息等。 2What environmental education activities have you participated in in Yellowstone National Park? 您在黄石国家公园参加了哪些环境教育活动？ 3 What is the basic situation of your environmental education activities in Yellowstone National Park? Including time，activity content，cost structure，etc. 您在黄石国家公园参与的环境教育活动的基本情况有哪些？包括时间、活动内容、费用构成等。

Questions 具体问题	4 Are you satisfied with the activities you participated in?Which aspects are you satisfied/unsatisfiedwith? 您对所参与活动满意吗？主要对哪些方面满意或不满意？ 5 Would you like to return to Yellowstone National Park to participate in other environmental education activities? 您愿意再次回到黄石国家公园参与其他环境教育活动吗？ 6 Do you think that you need to focus on protecting the ecological environment of Yellowstone National Park? Why? 您觉得需要注重保护黄石国家公园的生态环境吗？为什么？
Interview summary 访谈总结	

参考文献

一、中文文献

（一）著作

［1］［美］布坎南.公共物品的需求与供给（第2版）［M］.马珺，译.上海：上海人民出版社，2017.

［2］马克思恩格斯选集（第4卷）［M］.北京：人民出版社，2018.

［3］［德］赫尔曼·哈肯.协同学——大自然构成的奥秘［M］.上海：上海译文出版社，2005.

［4］李国纲，李宝山.管理系统工程［M］.北京：中国人民出版社，1993.

［5］［法］卢梭.爱弥儿：论教育［M］.北京：商务印书馆，1978.

［6］［法］卢梭.社会契约论［M］.北京：商务印书馆，2003.

［7］［美］罗德里克·弗雷泽·纳什.荒野与美国思想［M］.侯文蕙，侯钧，译.北京：中国环境科学出版社，2014.

［8］［英］迈克尔·博兰尼.自由的逻辑［M］.长春：吉林人民出版社，2002.

［9］马克思恩格斯选集（第2版）［M］.1卷，北京：人民出版社，1995.

［10］田会.企业动力系统理论及其应用［M］.北京：经济管理出版社，2004.

［11］夏征农.辞海［G］.上海：上海辞书出版社，2002.

［12］谢贵安，谢盛.中国旅游史［M］.武汉：武汉大学出版社，2012.

［13］［德］雅斯贝尔斯.什么是教育［M］.邹进，译.上海：三联书店，1991.

（二）期刊论文

［1］蔡宁伟，于慧萍，张丽华.参与式观察与非参与式观察在案例研究中的应用［J］.管理学刊，2015，28（4）：66-69.

［2］崔维敏.环境教育立法正当时［J］.环境教育，2016（3）：8-10.

［3］陈践，朱青山，赵由才.环境教育在我国可持续发展中的重要作用［J］.同济大学学报（人文·社会科学版），1996（2）：42-46.

［4］陈晓萍.我国中小学环境教育的历史演进及其内容与特点分析［J］.浙江教育学院学报，2005（3）：42-47.

［5］陈耀华，黄丹，颜思琦.论国家公园的公益性、国家主导性和科学性［J］.地理科学，2014，34（3）：257-264.

［6］陈艳敏.多中心治理理论：一种公共事物自主治理的制度理论［J］.新疆社科论坛，2007（3）：35-38.

［7］陈月珍，谢红彬，黄金火.新生态范式量表评价及实践运用研究综述［J］.山西师范大学学报（自然科学版），2014，28（1）：112-119.

［8］程鹏立，钟军.环境社会学的理论起源与发展［J］.生态经济，2013（4）：24-28.

［9］程绍文，张捷，胡静，XU Fei-fei.中英国家公园旅游可持续性比较研究——以中国九寨沟和英国新森林国家公园为例［J］.人文地理，2013，28（2）：20-26.

［10］董敏，牛振平.我国环保NGO发展的制度障碍及其保障［J］.重庆与世界，2011，28（3）：24-26.

［11］邓国胜.中国环保NGO发展指数研究［J］.中国非营利评论，2010，6（2）：200-212.

［12］顾基发，高飞.从管理科学角度谈物理—事理—人理系统方法论［J］.系统工程理论与实践，1998（8）：2-6.

［13］高国荣.美国现代环保运动的兴起及其影响［J］.南京大学学报（哲

学·人文科学·社会科学），2006（4）：47-56.

[14] 高嵘. 美国志愿服务发展的历史考察及其借鉴价值 [J]. 中国青年研究，2010（4）：108-113.

[15] 何晒，张明庆，张玲，李学东. 植物园环境解说系统调查分析及改进对策研究——以南京中山植物园为例 [J]. 首都师范大学学报（自然科学版），2009，30（6）：35-39.

[16] 贺之甫，吴炳炎，唐建民. 厂校挂钩开展环境教育 [J]. 中国环境管理，1991（3）：34-35.

[17] 胡伟伟，钱铭杰. 基于推拉理论的农村宅基地退出动力机制研究——以河南省唐河县为例 [J]. 国土资源科技管理，2015，32（3）：47-54.

[18] 胡晓，王哲. 落茸藏族社区参与旅游能力建设途径研究 [J]. 学术探索，2012（9）：90-93.

[19] 胡涌. 关于林业教育环境研究的构思 [J]. 中国林业教育，1992（4）：20-21.

[20] 洪大用. 中国城市居民的环境意识 [J]. 江苏社会科学，2005（1）：127-132.

[21] 洪大用. 当代中国环境问题的八大社会特征 [J]. 教学与研究，1999（8）：10-16+79-80.

[22] 洪学婷，张宏梅. 国外环境责任行为研究进展及对中国的启示 [J]. 地理科学进展，2016，35（12）：1459-1471.

[23] 华朝朗，郑进烜，杨东，杨芳，司志超，陶晶. 云南省国家公园试点建设与管理评估 [J]. 林业建设，2013（4）：46-50.

[24] 黄顺基. 钱学森对管理科学的丰富与发展 [J]. 辽东学院学报（社会科学版），2012，14（2）：1-12.

[25] 蒋爱群，冯英利. 农村妇女在保护农业生物多样性中的作用、困境与出路 [J]. 中国农业大学学报（社会科学版），2011，28（4）：64-70.

[26] 赖波平. 赣西北山区扶贫移民搬迁动力机制的研究 [J]. 老区建设，2009（9）：30-34.

［27］李嘉.环境教育与生态旅游关联性分析研究［J］.成都中医药大学学报（教育科学版），2011，13（4）：50-52.

［28］李鹏.国家公园中央治理模式的"国""民"性［J］.旅游学刊，2015，30（5）：5-7.

［29］李强，许登云，乔玉成.中老年人群坚持体育锻炼的动力机制研究——基于推拉理论的实证分析［J］.体育研究与教育，2015，30（6）：6-14.

［30］李文明.生态旅游环境教育效果评价实证研究［J］.旅游学刊，2012，27（12）：80-87.

［31］李学栋，何海燕，李习彬.管理机制的概念及设计理论研究［J］.工业工程，1999（4）：31-34+39.

［32］李扬扬.关于推进我国农村城镇化发展动力机制的研究［J］.黑龙江对外经贸，2011（4）：83-84.

［33］李颖，王海军，李抒.高原旅行常见并发症的防治［J］.中国国境卫生检疫杂志，1999（2）：119-121.

［34］刘海龙.生态正义的三个维度［J］.理论与现代化，2009（4）：15-18.

［35］刘静.生态教育的内涵、意义及实施路径［J］.哈尔滨市委党校学报，2010（6）：92-95.

［36］刘静佳.生态文明视域下的高职院校生态教育体系五维路径构建［J］.经济师，2018（6）：63-65.

［37］刘静佳.论民族地区乡村参与旅游发展的路径选择［J］.云南民族大学学报（哲学社会科学版），2018，35（4）：75-80.

［38］刘静佳.基于功能体系的国家公园多维价值研究——以普达措国家公园为例［J］.学术探索，2017（1）：57-62.

［39］刘琴，于善安，陈赢，姜燕萍.论区域体育赛事合作的动力机制——基于"推拉理论"的分析［J］.广州体育学院学报，2015，35（5）：17-20.

［40］刘铁芳.自然环境的教育价值［J］.学前教育研究，1994（4）：16-17.

［41］刘伟，张万红.从"环境教育"到"生态教育"的演进［J］.煤炭高等教育，2007（6）：11-13.

［42］刘艳，王民.国内外博物馆环境教育文献综述［J］.环境与可持续发展，2009，34（6）：25-27.

［43］罗佳颖，薛熙明.香格里拉普达措国家公园洛茸社区参与旅游发展状况调查［J］.西南林学院学报，2010，30（2）：71-74.

［44］林宪生，高杨.大连市环境教育基地体系构建［J］.辽宁师范大学学报，2003（6）：36-38.

［45］龙永红.中美大学生志愿服务激励机制的比较研究［J］.山东青年政治学院学报，2011，27（5）：46-50.

［46］马国强，周杰珑，丁东，周泳欣，缪志缙，和正军.国家公园生态旅游野生动植物资源评价指标体系初步研究［J］.林业调查规划，2011，36（4）：109-114.

［47］马洪祥.企业环境教育浅探［J］.中国环境管理，1991（3）：11+10.

［48］潘希武.高贵的爱弥尔：卢梭的教育样板［J］.教育学报，2012，8（2）：41-48.

［49］彭立威.环境教育的认识基点——对人与自然关系的伦理解析［J］.湖南城建高等专科学校学报，2002（4）：51-53.

［50］彭立威，陈宏平.试论环境教育的基本内涵［J］.湖南行政学院学报，2004（5）：93-94.

［51］渠敬东.卢梭对现代教育传统的奠基［J］.北京大学教育评论，2009，7（3）：3-16+188.

［52］宋庆，杨汇智.主体性的建构——社会主义本质论的主体向度考察［J］.前沿，2004（10）：11-14.

［53］宋立中，卢雨，严国荣，张伟贤.欧美国家公园游憩利用与生态保育协调机制研究及启示［J］.福建论坛（人文社会科学版），2017（8）：155-164.

［54］苏杨.十说国家公园体制元年［J］.中国发展观察，2016（1）：

50-53.

［55］苏杨．美国自然文化遗产管理经验及对我国的启示［J］．世界环境，2005（2）：36-39.

［56］孙燕．美国国家公园解说的兴起及启示［J］．中国园林，2012，28（6）：110-112.

［57］孙绍荣，朱佳生．管理机制设计理论［J］．系统工程理论与实践，1995（5）：50-55.

［58］是丽娜，王国聘．大学生旅游者环境素养调查及环境教育研究［J］．北方环境，2011，23（12）：163-166.

［59］师卫华．中国与美国国家公园的对比及其启示［J］．山东农业大学学报：自然科学版，2008（4）：631-635.

［60］沈海琴．美国国家公园游客体验指标评述：以 ROS、LAC、VERP 为例［J］．风景园林，2013（5）：86-91.

［61］沈满洪，谢慧明．公共物品问题及其解决思路——公共物品理论文献综述［J］．浙江大学学报，2009（10）.

［62］陶伟，洪艳，杜小芳．解说：源起、概念、研究内容和方法［J］．人文地理，2009，24（5）：101-106.

［63］唐彩玲，叶文．香格里拉普达措国家公园旅游解说系统构建探讨［J］．桂林旅游高等专科学校学报，2007（6）：828-831.

［64］唐芳林．国家公园属性分析和建立国家公园体制的路径初探［J］．林业建设，2014（3）：1-8.

［65］唐芳林．国家公园定义探讨［J］．林业建设，2015（5）：19-24.

［66］唐芳林．国家公园试点效果对比分析——以普达措和轿子山为例［J］．西南林业大学学报，2011，31（1）：39-44.

［67］田世政，杨桂华．中国国家公园发展的路径选择：国际经验与案例研究［J］．中国软科学，2011（12）：6-14.

［68］田世政，杨桂华．国家公园旅游管理制度变迁实证研究——以云南香格里拉普达措国家公园为例［J］．广西民族大学学报（哲学社会科学版），2009，31（4）：52-57.

［69］吴必虎，高向平，邓冰.国内外环境解说研究综述［J］.地理科学进展，2003（3）：226-234.

［70］吴鼎福.加强环境教育——90年代教育发展的一个新趋势［J］.南京师大学报（社会科学版），1991（4）：73-77.

［71］吴祖强.野外环境教育活动的设计［J］.上海环境科学，1999（11）：529-530.

［72］魏济华.优化家庭教育环境之我见［J］.许昌学院学报，1992（4）：111-113.

［73］王彬辉.台湾《环境教育法》解读［J］.环境教育，2011（10）：50-53.

［74］王辉，刘小宇，郭建科，孙才志.美国国家公园志愿者服务及机制——以海峡群岛国家公园为例［J］.地理研究，2016，35（6）：1193-1202.

［75］王辉，张佳琛，刘小宇，王亮.美国国家公园的解说与教育服务研究——以西奥多·罗斯福国家公园为例［J］.旅游学刊，2016，31（5）：119-126.

［76］王娟娟.基于推拉理论构建游牧人口定居的动力机制体系——以甘南牧区为例［J］.经济经纬，2010（2）：52-56.

［77］王建平，王瑞芬.博物馆与生态环境教育［J］.中国博物馆，1997（4）：40-43.

［78］王连勇，霍伦贺斯特·斯蒂芬.创建统一的中华国家公园体系——美国历史经验的启示［J］.地理研究，2014，33（12）：2407-2417.

［79］王亮.美国国家公园的解说与教育服务研究——以西奥多·罗斯福国家公园为例［J］.旅游学刊，2016，31（5）：119-126.

［80］王民.环境意识的内涵与调查指标［J］.环境教育，2012（12）：23-25.

［81］王梦君，唐芳林，孙鸿雁，张天星，王丹彤，黎国强.国家公园的设置条件研究［J］.林业建设，2014（2）：1-6.

［82］王伟强，盛敏之，许庆瑞.环境教育——21世纪中国持续发展的重

要议程［J］.科学管理研究，1994（5）：52-55.

［83］王燕津."环境教育"概念演进的探寻与透析［J］.比较教育研究，2003（1）：18-22.

［84］王跃华.论生态旅游内涵的发展［J］.思想战线，1999（6）：43-47.

［85］王志刚.多中心治理理论的起源、发展与演变［J］.东南大学学报（哲学社会科学版），2009，11（S2）：35-37.

［86］汪涛，陈静，胡代玉，汪洋.运用主题框架法进行定性资料分析［J］.中国卫生资源，2006（2）：86-88.

［87］万亚军.服务普达措，铸就志愿者的坚毅品性——记普达措国家公园2008期志愿者行动［J］.环境教育，2009（1）：30-31.

［88］蔚东英.国家公园管理体制的国别比较研究——以美国、加拿大、德国、英国、新西兰、南非、法国、俄罗斯、韩国、日本10个国家为例［J］.南京林业大学学报（人文社会科学版），2017，17（3）：89-98.

［89］吴建平，訾非，刘贤伟，等.新生态范式的测量：NEP量表在中国的修订及应用［J］.北京林业大学学报（社会科学版），2012，11（4）：8-13.

［90］肖练练，钟林生，周睿，等.近30年来国外国家公园研究进展与启示［J］.地理科学进展，2017，36（2）：244-255.

［91］薛熙明.国家公园的生态旅游教育［J］.旅游研究，2017，9（6）：2-4.

［92］徐彤武.联邦政府与美国志愿服务的兴盛［J］.美国研究，2009，23（3）：25-45.

［93］徐菲菲.制度可持续性视角下英国国家公园体制建设和管治模式研究［J］.旅游科学，2015，29（3）：27-35.

［94］徐国玲.西方环境社会学研究的三种范式［J］.中国环境管理干部学院学报，2006（2）：24-26.

［95］叶海涛.生态环境问题的技术化和经济学解决方案批判——以"杰文斯悖论"为中心［J］.江苏行政学院学报，2015（6）：26-30.

［96］叶亮.浅析白莲洞遗址在环境教育上的优势和潜力［J］.史前研究，

2006：341-344.

[97] 于景元.关于综合集成的研究——方法、理论、技术、工程 [J].
交通运输系统工程与信息，2005（1）：3-10.

[98] 袁花.云南普达措国家公园旅游产业生态化发展的可行性分析研究
[J].山西师范大学学报（自然科学版），2012，26（1）：121-124.

[99] 杨桂华.论生态旅游的双向责任模式 [J].旅游学刊，2004（4）：
53-56.

[100] 杨桂华，张一群.旅游生态不正义及其纠正 [J].思想战线，
2012，38（3）：112-115.

[101] 杨建美，薛熙明，王浩.旅游影响下的社区生物资源利用方式演变
研究——以香格里拉县洛茸村为例 [J].楚雄师范学院学报，2011，26（6）：
58-63.

[102] 杨锐.美国国家公园体系的发展历程及其经验教训 [J].中国园林，
2001（1）：62-64.

[103] 殷培红，和夏冰.建立国家公园的实现路径与体制模式探讨 [J].
环境保护，2015，43（14）：24-29.

[104] 赵会，陈旭清.境外非政府组织（NGO）与西藏治理关系研究
[J].理论月刊，2015（4）：118-124.

[105] 赵明.环境解说相关研究进展及对景区管理实践启示 [J].重庆师
范大学学报（自然科学版），2011，28（5）：85-92.

[106] 赵万里，蔡萍.建构论视角下的环境与社会——西方环境社会学的
发展走向评析 [J].山西大学学报（哲学社会科学版），2009，32（1）：8-14.

[107] 赵献英.自然保护区的建立与持续发展的关系 [J].中国人口·资
源与环境，1994（1）：20-24.

[108] 张安民.特色小镇旅游空间生产公众参与的动力机制——基于推拉
理论的整合性分析 [J].绥化学院学报，2017，37（11）：13-17.

[109] 张海霞，汪宇明.可持续自然旅游发展的国家公园模式及其启
示——以优胜美地国家公园和科里国家公园为例 [J].经济地理，2010，30
（1）：156-161.

［110］张婧雅，李卅，张玉钧．美国国家公园环境解说的规划管理及启示［J］．建筑与文化，2016（3）：170-173.

［111］张一群，孙俊明，唐跃军，杨桂华．普达措国家公园社区生态补偿调查研究［J］．林业经济问题，2012，32（4）：301-307+332.

［112］张一芙，郑晓琴．将民族习惯法融入云南省国家公园保护立法中的必要性与可行性探析［J］．法制与社会，2009（25）：357-358.

［113］周爱萍．基于推拉理论的大学生进入社会组织就业的动力机制构建［J］．唐山师范学院学报，2017，39（3）：148-152+160.

［114］周成，冯学钢．基于"推—拉"理论的旅游业季节性影响因素研究［J］．经济问题探索，2015（10）：33-40.

［115］周武忠．国外国家公园法律法规梳理研究［J］．中国名城，2014（2）：39-46.

［116］周儒．重新连结人与自然［J］．环境教育，2016（10）：76-78.

［117］周儒．优质教育的推手——环境学习中心［J］．中学地理教学参考，2013（Z1）：130-131.

［118］周正明．普达措国家公园社区参与问题研究［J］．经济研究导刊，2013（15）：205-207.

［119］郑敏．美国国家公园的困扰与保护行动［J］．国土资源情报，2008（10）：54-56.

［120］钟林生，邓羽，陈田，田长栋．新地域空间——国家公园体制构建方案讨论［J］．中国科学院院刊，2016，31（1）：126-133.

（三）析出文献

［1］王建刚．论我国国家公园的法律适用［A］．国家林业局政策法规司、中国法学会环境资源法学研究会、东北林业大学．生态文明与林业法治——2010全国环境资源法学研讨会（年会）论文集（上册）［C］．国家林业局政策法规司、中国法学会环境资源法学研究会、东北林业大学：中国法学会环境资源法学研究会，2010：5.

［2］杨士龙．云南国家公园建设中的法律难题［A］．国家林业局政策法规司、中国法学会环境资源法学研究会、东北林业大学．生态文明与林业法

治——2010全国环境资源法学研讨会（年会）论文集（上册）［C］.国家林业局政策法规司、中国法学会环境资源法学研究会、东北林业大学：中国法学会环境资源法学研究会，2010：6.

［3］张保平.解释偷渡现象的一种理论模型——三维一体动力模型［J］//中国犯罪学学会.中国犯罪学研究会第十二届学术研讨会论文集［C］.中国犯罪学学会，2003：8.

［4］张希武.对中国建立国家公园体制的几点认识［M］//吴承照.中国国家公园模式探索——2016首届生态文明与国家公园体制建设学术研讨会论文集.北京：中国建筑工业出版社，2017：13.

（四）学位论文

［1］陈娜.国家公园行政管理体制研究［D］.云南大学，2016.

［2］邓超颖.生态旅游可持续发展动力系统研究［D］.北京交通大学，2012.

［3］郭海健.解说系统对游客环境行为意向影响研究［D］.西南林业大学，2016.

［4］宫长瑞.当代中国公民生态文明意识培育研究［D］.兰州大学，2011.

［5］郝英奇.管理系统动力机制研究［D］.天津大学，2007.

［6］胡晓明.个人慈善捐赠动力机制研究［D］.郑州大学，2017.

［7］侯银银.闲暇环境教育与生态旅游耦合度评价研究［D］.中南林业科技大学，2014.

［8］李秋艳.香格里拉普达措国家公园发展旅游循环经济的保障体系研究［D］.云南师范大学，2009.

［9］李秀珍.来华韩国留学生学习适应的影响因素研究［D］.华东师范大学，2009.

［10］邵静野.中国社会治理协同机制建设研究［D］.吉林大学，2014.

［11］谭红杨.生态旅游的公益性研究［D］.北京林业大学，2011.

［12］唐芳林.中国国家公园建设的理论与实践研究［D］.南京林业大学，2010.

［13］唐立洲.普达措国家公园管理模式研究［D］.云南大学，2016.

［14］孙睿霖.森林公园环境教育体系规划设计研究［D］.中国林业科学研究院，2013.

［15］田道勇.可持续发展教育理论研究［D］.山东师范大学，2009.

［16］王哲.云南藏族社区参与生态旅游能力建设途径研究［D］.西南林业大学，2010.

［17］徐湘荷.生态教育思想研究［D］.山东师范大学，2012.

［18］张宏亮.20世纪70—90年代美国黄石国家公园改革研究［D］.河北师范大学，2010.

［19］张一群.云南保护地旅游生态补偿研究［D］.云南大学，2015.

［20］郑玉飞.生态学视野的环境教育课程［D］.华南师范大学，2005.

（五）新闻

［1］环境领域中国NGO情况调查［R/OL］.https：//wenku.baidu.com/view/d99591e86294dd88d0d26b4c.html.

［2］建立国家公园体制总体方案［EB/OL］.［2017-09-26］.http：//www.gov.cn/zhengce/2017-09/26/content_5227713.htm.

［3］沈湫莎.考虑教育问题，别忘了"人的本能"［N］.文汇报，2016-10-21.

［4］唐红丽，王存奎.辩证看待境外非政府组织［N］.中国社会科学报，2014-05-14（A04）.

［5］余青.美国国家公园路百年启示［N］.中国旅游报，2015-06-12（04）.

［6］朱宁宁.我国环境教育"虚弱"急需国家立法"强身"［N］.法制日报，2016-04-19.

［7］张成渝.加拿大国家公园的解说系统［N］.中国旅游报，2002-10-25.

［8］张一群.云南拟建3处国家公园通过专家评审［N］.中国绿色时报，2015-04-15（01）.

［9］云南省国家公园管理条例［N］.云南日报，2015-12-04.

[10] 争当生态文明建设排头兵 [EB/OL].（2015-3-17）. http：//special. yunnan.cn/feature12/html/2015-03/17/content_3648582_2.htm-.

二、英文文献

（一）著作

[1] Albright H M. The Birth of the National Park Service：The Founding Years, 1913-33 [M]. Salt Lake City：Howe Brothers, 1985.

[2] Anna Botsford Comstock. Handbook of Nature Study [M]. Comstock Publishing Co., 1991：9.

[3] Beck L, Cable T T. Interpretation for the 21st Century：Fifteen Guiding Principles for Interpreting Nature and Culture [M]. Champaign：Sagamore Publishing, 1998：10-11.

[4] Cheekland P B. A Chieving Desirable and Feasible Change：An Application of Soft Systems Methodology [J]. Journal of the Operational Research Society, 1985, 36（9）：821-831.

[5] Cheryll Glotfolty, Harold Formm. The Ecocriticism Reader：Landmrk inEcology [M].Athens, Georgia：the University of Georgia Press, 1996.

[6] Dudley N. Guidelines for Applying IUCN Protected Area Categories [M]. Gland, Switzerland：IUCN, 2013.

[7] Dyan Zaslowsky, T Watkins. These American lands [M].Washington, D.C：Island Press, 1994.

[8] Eagles P F J, McCool S. Tourism in National Parks and Protected Areas：Planning and Management [M]. Wallingford：CABI Publishing, 2004.

[9] Freeman Tilde. Interpreting Our Heritage：Easyread Super Large 24pt Edition [M]. University of North Carolina Press, 2008：8.

[10] George Perkins Marsh. Man and Nature；or Physical Geography as Modified by Human Action [M]. New York：Charles Scribner&CO, 1867.

[11] Ham S H.Environmental interpretation-A practical guide for people with big ideas and small budgets [M].North American Press, 1992.

［12］Joy Palmer，Philip Neal. The Handbook of Environmental Education ［M］. London：Routledge，1994.

［13］Mills E E . The Adventures of a Nature Guide ［M］. New York：Doubleday，Page & Company，1923.

［14］Robert B Keiter. To Conserve Unimpaired：the Evolution of the National Park Idea ［M］. Washington，D.C.：Island Press，2013.

［15］Ronald A Foresta. America's National Parks and Their Keepers ［M］. Washington，D.C，1984.

［16］Ruether R R. New Woman，New Earth：Sexist Ideologies and Human Liberation ［M］. New York：Seabury Press，1975.

［17］Runte A. National Parks：The American Experience. 4th ed. Lanham ［M］.Taylor Trade Publishing，2010.

［18］Sharpe G. Interpreting the Environment ［M］. New York：Wiley & Sons，1982.

［19］Thoreau. "Walking" in Excursions，The Writings of Henry David Thoreau. Revised edition（11 vols）［M］. Boston，1893.

（二）期刊论文

［1］Bhundia A，Donnell G . UK Policy Coordination：The Importance of Institutional Design ［J］. Fiscal Studies，2010，23（1）：135-164.

［2］Bookchin M. Social Ecology versus Deep Ecology：A Challenge for the Ecology Movement ［J］. Green Perspective，1985：4-5.

［3］Catton W R，Dunlap R E . Environmental Sociology：A New Paradigm ［J］. American Sociologist，1978，13（1）：41-49.

［4］Dann G M S. Anomie，ego-enhancement and tourism ［J］. Annals of Tourism Research，1977，4（4）：184-194.

［5］Dunlap，Riley E.Van Liere，Kent D. The "New Environmental Paradigm" ［J］. Journal of Environmental Education，2008，40（1）：19-28.

［6］Edwards R Y.Park interpretation ［J］.Park News，1965，1（1）：11-16.

[7] Hild A. Review of "Language processing and simultaneous interpreting" by Birgitta Englund Dimitrova and Kenneth Hyltenstam [J]. Interpreting: International Journal of Research & Practice in Interpreting, 2002, 5（1）: 63–69.

[8] Hussey S. Sickness certification system in the United Kingdom: qualitative study of views of general practitioners in Scotland [J]. BMJ, 2004, 328（7431）: 88–0.

[9] Kindberg J, Ericsson G, Swenson J E. Monitoring rare or elusive large mammals using effort-corrected voluntary observers [J]. Biological Conservation, 2009, 142（1）: 0–165.

[10] Knapp D. The Relationship between Environmental Interpretation and Environmental Education [J]. Legacy, 1997, 8: N/A.

[11] Langer E J, Piper A. Television form a mindful/Mindless perspective [J]. Applied Social Psychology Annual, 1998（8）: 247–260.

[12] LüCk M. The "new environmental paradigm": is the scale of dunlap and van liere applicable in a tourism context [J]. Tourism Geographies, 2003, 5（2）: 228–240.

[13] Lucy J Hawcroft, Taciano L Milfont. The use（and abuse）of the new environmental paradigm scale over the last 30 years: A meta-analysis [J]. Journal of Environmental Psychology, 2010, 30（2）: 143–158.

[14] Mitchell A Wood. Toward a Theory of Stakeholder Identification and Salience: Defining the Principle of Who and What Really Counts. Academy of Management Review [J]. Academy of Management Review, 1997, 22（4）: 853–886.

[15] Moscardo G, Pearce P L. Visitor centres and environmental interpretation: An exploration of the relationships among visitor enjoyment, understanding and mindfulness [J]. Journal of Environmental Psychology, 1986, 6（2）: 89–108.

[16] Orr D W. Environmental Education and Ecological Literacy [J].

Education Digest, 1990.

[17] Palmer, Joy A . Development of Concern for the Environment and Formative Experiences of Educators [J] . The Journal of Environmental Education, 1993, 24 (3): 26–30.

[18] Schultz P W, Zelezny L . Values as predictors of environmental attitudes: evidence for consistency across 14 countries [J] . Journal of Environmental Psychology, 1999, 19 (3): 255–265.

[19] Schwartz S H . Are There Universal Aspects in the Structure and Contents of Human Values? [J] . Journal of Social Issues, 1994, 50 (4) .

[20] Shen Y . Selection Incentives in a Performance–Based Contracting System [J] . Health Services Research, 2010, 38 (2): 535–552.

[21] Sosin M R . The Administrative Control System of Substance Abuse Managed Care [J] . Health Services Research, 2010, 40 (1): 157–176.

[22] Stapp W B . The Concept of Environmental Education [J] . The American Biology Teacher, 1970, 32 (1): 14–15.

[23] Stewart E J, Hayward B M, Devlin P J, et al. The "place" of interpretation: A new approach to the evaluation of interpretation [J] . Tourism Management, 1998, 19 (3): 257–266.

[24] Tanner, Thomas R . Conceptual and Instructional Issues in Environmental Education Today [J] . The Journal of Environmental Education, 1974, 5 (4): 48–53.

[25] Thorndyke P W. Cognitive structures in comprehension and memory of narrative discourse [J] . Cognitive psychology, 1977, 9 (1): 77–110.

（三）析出文献

[1] Aldridge D.Upgrading park interpretation and communication with the public [C] / / Elliott S H.Second World Conference on National Parks, Morges, Switzerland: International Union for Conservation of Nature and Natural Resources, 1972: 300–311.

[2] Naess A . The shallow and the deep, long–range ecology movement. A

summary［M］// The Selected Works of Arne Naess. Springer Netherlands，2005.

（四）学位论文

［1］Gregory M Parkhurst. Ecnomic incentives for Endengered Species Protection［D］. University of Wyoming，2003.

［2］Knapp D H. Validating a framework of goals for program development in environmental interpretation［D］. Southern Illinois University at Carbondale，1994.

［3］Pivnick J. Against the Current：Ecological Education in a ModernWorld［D］. University of Calgary，Canada，2001.

（五）报告

［1］Barna D，Green M. The National Parks：Index 2005-2007［R］.Office of Public Affairs and Harpers Ferry Center，National Park Service，2008：4-19.

［2］Brown，William E.Island of hope：parks and recreation in environmental crisis［R］.Washionton：Nation Recreation and Park Association，1971.

（六）标准

［1］Comprehensive Interpretative Planning［S］.Washington，D. C.：Department of the Interior，National Park Service，2000.

［2］Management Policies 2006［S］. Washington，D. C.：Department of the Interior，National Park Service，2006.

［3］Organic Act 1916［S］. Washington，D. C.：Department of the Interior，National Park Service，1916.

项目策划：段向民
责任编辑：张芸艳
责任印制：孙颖慧
封面设计：武爱听

图书在版编目（CIP）数据

国家公园环境教育动力机制研究 / 刘静佳著 . -- 北
京 ：中国旅游出版社，2020.12
　ISBN 978-7-5032-6579-2

　Ⅰ．①国… Ⅱ．①刘… Ⅲ．①国家公园－环境教育－
研究 Ⅳ．① S759.91

中国版本图书馆 CIP 数据核字 (2020) 第 191143 号

书　　名：国家公园环境教育动力机制研究

作　　者：刘静佳著
出版发行：中国旅游出版社
　　　　　（北京静安东里 6 号　邮编：100028）
　　　　　http://www.cttp.net.cn　E-mail:cttp@mct.gov.cn
　　　　　营销中心电话：010-57377108，010-57377109
　　　　　读者服务部电话：010-57377151
排　　版：北京旅教文化传播有限公司
经　　销：全国各地新华书店
印　　刷：北京盛华达印刷科技有限公司
版　　次：2020 年 12 月第 1 版　2020 年 12 月第 1 次印刷
开　　本：720 毫米 ×970 毫米　1/16
印　　张：13.75
字　　数：231 千
定　　价：59.80 元
ＩＳＢＮ　　978-7-5032-6579-2